葡萄酒

你喝了嗎？

跟著達人學品酒

—— 周寶臨 著 ——

一手掌握法國葡萄酒必備入門知識！
深入淺出的問答解說 ✚ 精美圖片
一看就懂葡萄酒釀造、品酒到產區等全方位知識
讓您愉悅沉醉在葡萄酒的浩瀚世界裡

序

　　隨著亞太地區經濟的成長，全球各地的人們在商務、旅遊交往頻繁之下，各方的文化及生活習慣漸漸地相互影響與融合，近十幾年來，亞洲區也成為世界葡萄酒消費量增長最快的地區。這種有點神祕又帶著浪漫彩色的飲品，已成為一種時尚，在適量飲用的情況下，亦被視為一種健康性的飲料。

　　葡萄酒和一般碳酸飲料有所不同，經過酵母的作用，它會有階段性的瓶中變化，喜愛品飲葡萄酒的人，最好對它要有一點基本的認識。對於選購、保存，尤其是開瓶的時間，也非常重要，這些都成為葡萄酒愛好者的必修，品嚐方式正確才能兼顧樂趣與健康。想要成為一位葡萄酒的達人，也可透過本書進入酒海的世界。

　　全書以問答的方式來揭開葡萄酒的神祕面紗，從認識葡萄、釀造方法、品嚐藝術、產區，深入淺出地提供給讀者來認識、研讀，在極短的時間內，輕易掌握葡萄酒的特點和屬性，達到廣泛的靈活運用的能力。

Sommaire

PART. 3 品酒藝術

Sommaire

PART. 4 法國葡萄酒產區

認識葡萄

葡萄樹是一種生存力極強的植物，只要排水良好、氣候不太冷、陽光充足的地方，它就可以生長。有的葡萄樹在某些特定的區域內，顆粒長得特別地美好，釀出的酒也具有特色，好的葡萄酒出自於好的葡萄，為了提高葡萄酒的品質和生產量，酒農總是會選最有利的地段來栽種，無微不至地去照顧他們的葡萄樹和田地。

人們把千百年來的種植經驗，分析葡萄和土質特性的關係詳加記載分類，也成了今日產區管轄制度（AOC）規範因素之一。

什麼是酒？其定義為何？

一般國人的腦海中，常把所有含有酒精度的飲料稱為「酒」，可是在國外劃分得非常嚴謹。1889 年，法國就有法律條文明確地規定了酒的定義：凡是由葡萄壓榨出的汁液，其中全部或部分的糖分經過發酵後，轉變成含有酒精度的飲料，才可稱之為「酒」（法文 Vin）。如果用非葡萄類的水果或植物，經過發酵，再蒸餾成酒精度更高的產品，則稱為「生命之水」（法文 les eaux de vie），也就是一般人稱之的「烈酒」。

構成酒的主要成分有：80 ～ 90% 的水；10 ～ 15% 的酒精（乙醇）；出自葡萄本身或因釀造而產生的酸；少量的糖分；來自葡萄皮和籽中的單寧（酚類）；以及極微的芳香質、礦物質、維他命……等。

葡萄酒是一種具有生命力的液體，它會生病、變老或是死亡，如果受到了良好的照顧，將可以延長它的壽命。釀酒是一種科學和藝術的結晶，它是由專門從業人員從事的釀造（而非製造）工作。之後再經過細心的培養和陳年過程，一直到最佳的成熟期，再供人品嚐飲用，西洋俗語：「讓你的酒成熟，不要讓它死亡。」

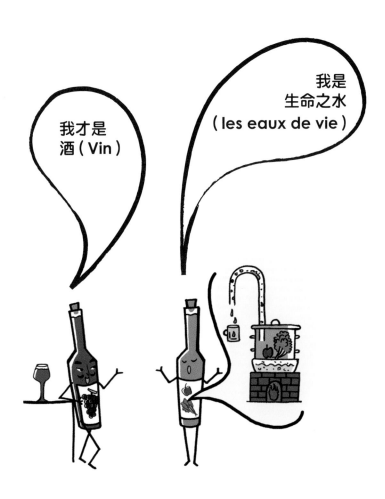

為何要挑選好的葡萄來釀造？

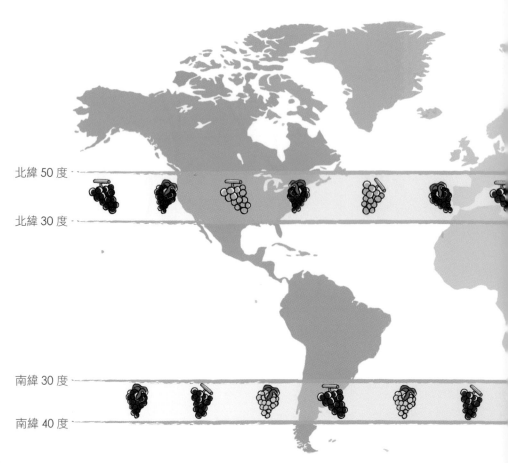

北緯 50 度

北緯 30 度

南緯 30 度

南緯 40 度

好 的葡萄酒是由好的葡萄釀造出來的，因此酒農是時時刻刻無微不至地照顧著他們的葡萄樹和葡萄園。地球上存在著上千種的葡萄，但是真正可以食用的品種卻只占其中的一小部分。

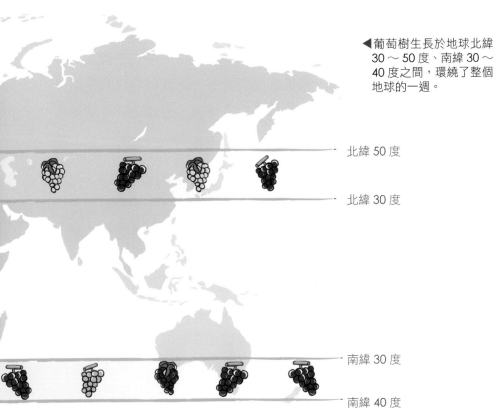

◀葡萄樹生長於地球北緯
30～50度、南緯30～
40度之間，環繞了整個
地球的一週。

北緯 50 度

北緯 30 度

南緯 30 度

南緯 40 度

葡萄樹是葡萄科裡的一種攀爬植物，是葡萄屬系，大多數栽種的葡萄樹都出自於這個系統，它是一種非常古老的植物，生存於地球北緯 30 ～ 50 度、南緯 30 ～ 40 度之間，環繞了整個地球的一週，在這些適合栽種的地帶上都種植了不少美好的葡萄。全球有三分之二的葡萄樹都種植在歐洲地區，而且大多集中在地中海沿岸，主要是因為該區有良好的生長環境以及溫和的氣候。

　　西班牙、義大利和法國是三個最大的葡萄酒出產國，其中又以法國的出產最具特性，是其他產酒國難以相比的。法國除了有上述地中海的環境氣候優勢外，它的土質結構和地形、地貌的多樣變化，加上長期累積的釀造經驗、嚴格的品質管制，而且有特設的機關來督導、查驗酒品，各等級責任劃分得非常清楚，因此造就了法國葡萄酒的獨特地位。

　　並非所有的葡萄都可以用來釀酒。葡萄依其屬性有三類：食用葡萄、釀造用葡萄與做葡萄乾用的葡萄。世界上有一千多種葡萄，可分成三個族系：「歐亞系統」——好的葡萄酒都出自這個系統；「亞洲系統」有十幾種；「美洲系統」也有二十幾種不同的葡萄，不過大多是用於「接枝」。每種葡萄多少都有尋求適合自己生長環境的原始性，人們經過長期觀察和耕種經驗的累積，都會選擇最適合的葡萄品種來種植，以便釀出更具有特性和風味的美酒。世界各產酒國都有自己的「法定產區管制」制度，這種規畫為的是要求產品品質的保證。

常用來釀造紅酒的葡萄有哪幾種？

釀造紅酒是用紅皮葡萄為原料，存在於紅葡萄皮中的色素質——花青素（anthocyan）會給予顏色，這也就是在釀造的過程中必須要浸泡的原因。紅皮葡萄也可以釀製成白酒，在壓榨時只需盡快把果皮和汁液分開，以保持它的清澈度。每個大產區都會有自己的主力王牌葡萄，以釀造出最具有風味的美酒。目前全球幾種產量較大的紅葡萄分別於下：

1. 卡本內—蘇維濃葡萄（Cabernet Sauvignon）

▶深紫色、皮厚、圓形顆粒的卡本內—蘇維濃。

原產地是波爾多地區的卡本內—蘇維濃葡萄，素有「葡萄王」的美稱，第二收成期晚熟型的葡萄，深紫色圓形的顆粒果皮厚，性喜溫熱的氣候，只要環境良好，就很容易長到應有的成熟度，抵抗力極強，成長量也穩定。在大波爾多地區占了 **30%** 的種植面積，多半生長在梅多克（Médoc）和格拉夫（Graves）地熱（礫石土）的區域。

　　釀出的酒顏色深、澀度高、酒味醇、口感緊密，擁有特別的香草味、黑色水果味（黑茶藨子、櫻桃、李子、桑椹等）與植物的清香（青椒等），顆粒成熟後則有烘培、咖啡、菸草、果醬、甘草與皮革等味。因果皮中的酚類質多，抗氧化力強，釀成的酒可以長期儲存。除了在波爾多地區外，北邊的羅亞爾河谷（Val de Loire）、西南產區、地中海沿岸都有種植。早年由歐洲的移民和傳教士們把這種葡萄帶到了新世界（美洲、澳洲），廣泛種植，也是目前全世界上最受矚目的紅色葡萄種。

2. 卡本內—弗朗葡萄（Cabernet Franc）

　　原產於法國西邊的卡本內—弗朗葡萄，主要的生長區域是在羅亞爾河谷的中下游，一直到南邊的庇里牛斯山。在波爾多產區大半種植於里布內（Libournais）地方，占了種植面積的 16%。第二收成期的葡萄，較卡本內—蘇維濃的葡萄皮為薄且多汁，釀出的酒口感較柔和且十分芳香，其單寧也低。特別是帶有覆盆子、紫羅蘭、灌木、桂皮、杏仁味和綠椒香，酒熟成後會散發出麝香、松露、菸草味。

▲卡本內─弗朗葡萄

▲果實累累的梅洛葡萄。

3. 梅洛葡萄（Merlot）

　　梅洛葡萄原產於波爾多地區，第二收成期早熟型葡萄，性喜地寒，但又容易受到冬末春初結霜的侵害。開花季對捲葉蟲非常敏感，導致採收率易大減，收成量極不穩定。成熟的葡萄散發出熟透的紅、黑色水果味，並含有大量的糖分，釀出的酒酸度低、口感圓潤、酒

精度高且強勁、澀度柔順。酒熟成後散發出蘑菇、
松露、皮革、烏梅味，占了波爾多地區種植面積的
54%，多集中在里布內地方。此外還大量種植在蘭格
多克（Languedoc），以及新世界各產酒國。

4. 瑪爾貝客葡萄（Malbec）

　　又稱為鉤特（Côt）、歐歇華（Auxerrois）的瑪
爾貝客葡萄，是一種非常早熟的葡萄，對於捲葉蟲非
常敏感，收成量不規則，近幾十年來在波爾多地區的
產量逐漸減少。釀出的酒稀薄且陳年變化慢，香味缺

◀▼瑪爾貝客葡萄

乏細緻性，結構堅實緊密又柔和，時間久了散發出胡椒與松露味。除了波爾多地區有種植外，羅亞爾河谷的都漢（Touraine）與西南產區的卡歐（Cahors）都有出產。在波爾多地區種植的並不多，大多和其他葡萄混合使用，以增添酒的顏色和甜味，顏色的深厚度視採收率而定。

▲黑皮諾葡萄。

5. 黑皮諾葡萄（Pinot Noir）

　　黑皮諾葡萄是布根地（Bourgogne）產區的主力，第一收成期早熟型的葡萄品種，對於成長環境非常挑剔，天氣太冷會造成葡萄不能成熟，天氣太熱則葡萄會熟成太快，是一種非常嬌氣的葡萄。當葡萄成熟時，豐滿的顆粒緊湊在一起，每串葡萄也沒有一定的大小，若遇上了潮溼或過熱的天氣，非常容易造成葡萄的腐爛。

▲每串黑皮諾葡萄的顆粒沒有一定的大小。

　　黑皮諾葡萄一般都是單獨釀造，深紫色的外皮，透明色的果肉，釀造出來的酒沒有卡本內葡萄那麼澀，顏色較淺、酸度高、強勁而高雅且口感細膩堅實，沒有特別的代表香味，要根據出產地與時間的變化來辨認。當酒齡較低的時候，偏向於紅色水果味（覆盆子等，尤其是櫻桃味）；當酒齡較長的時候，則會帶有藍莓、黑茶蘮子味，若酒齡再久則會變成香料味、松露味、麝香與動物羶腥味。

羅亞爾河區中的松塞爾（Sancerre）地區、阿爾卑斯山麓和南邊的蘭格多克地區都有種植，此外在阿爾薩斯（Alsace）、香檳地區亦有種植黑皮諾，但用它們來釀造氣泡酒，其餘的地方則是用來釀造紅酒或玫瑰紅酒。

6. 希哈葡萄（Syrah）

　　原產地在波斯的希哈葡萄，早年由希臘人引進地中海地區，主要種植在隆河北邊火成岩的土地上，第二收成期的葡萄，葡萄顆粒

▼未成熟的大串希哈葡萄。

▲顏色深、顆粒小、皮薄的希哈葡萄。

小、皮薄、顏色深且特性十足。如果採收率降低，釀成的酒口感較緊密而豐厚、澀度高、非常細緻，有大量的甘草、肉味、胡椒、紫羅蘭、巧克力與黑色水果味，還有一股烤焦的菸草味、丁子香、松露和刺激的香料味。陳年過後的酒其變化更為複雜。希哈葡萄除了種植在地中海沿岸外，其他的新世界地區（美洲、澳洲）也都有種植。

7. 格那希葡萄（Grenache）

▲性喜乾旱的格那希葡萄。

格那希葡萄的原產地是西班牙，第三收成期的品種，性喜生長在乾旱的地方，葡萄的顏色淺、汁液多、酸度不高且單寧不強，釀成的酒柔和、酒精度高且口感微苦，容易氧化，不容易久存，散發出芳香的黑茶藨子、藍莓、百里香、甘草、九層塔、丁子香、地中海灌木、菸草、月桂葉、迷迭香、無花果、蘑菇、香草、白胡椒、咖啡、腐葉等味道。

8. 卡利濃葡萄（Carignan）

原產於西班牙的卡利濃葡萄，是種晚熟型的葡萄，性喜炎熱和乾燥的環境，尤其是在矽土的山坡地上長得更好。釀成的酒顏色深且結構良好，它會隨時間而變弱，有一點苦澀味，酒精度常超過12%vol。如果能夠降低採收率或是出自於老葡萄樹，其釀造出來的酒質更佳且特色十足。種在平原地上的葡萄，每公頃的採收率可高達 200 百升，但是葡萄不容易達到成熟度，釀造出來的酒非常平凡，而且口感酸與酒精度薄弱。卡利濃葡萄現已成為蘭格多克產區的主力，目前種植面積占了該區的 40%。

9. 珊梭葡萄（Cinsault）

珊梭葡萄是傳統的蘭格多克品種，葡萄顆粒大、外皮緊實且汁液多，在良好的環境種植加上採收率不高的情況下，其釀出的酒顏色非常美好，就像是波爾多產區的梅洛葡萄一樣柔和，會讓酒圓潤微甜，散發出大量的紅色水果香味、玫瑰、紫羅蘭與香料味，澀度不高且酒細緻柔和，久存之後散發出更複雜的香味。

10. 慕維得葡萄（Mourvèdre）

慕維得葡萄是種古老的西班牙品種，爾後引進到法國的地中海沿岸種植，葡萄顆粒小而圓且果皮厚，釀成的酒顏色深，散發出黑色水果特有的香味，口感細緻、堅實，澀度極高。很少單獨釀造，常和其他品種的葡萄混合釀造，可以增加酒的存放度，經過幾年的瓶中變化，酒會變得細緻與芬芳。如果採收率過高，其品質將會馬上下降。

▲多產的加美葡萄

11. 加美葡萄（Gamay）

　　原產於布根地的加美葡萄，第一收成期早熟型的葡萄品種，性喜生長在火山泥土或火成岩土壤的薄酒萊（Beaujolais）地區。橢圓形狀的葡萄顆粒皮薄，為紫羅蘭色，性怕冷，釀出來的酒呈淡紫色、澀度低且果香味特強（尤其是香蕉味），一般都趁新鮮時飲用。在羅亞爾河區、西南產區與蘭格多克區都有種植。

025

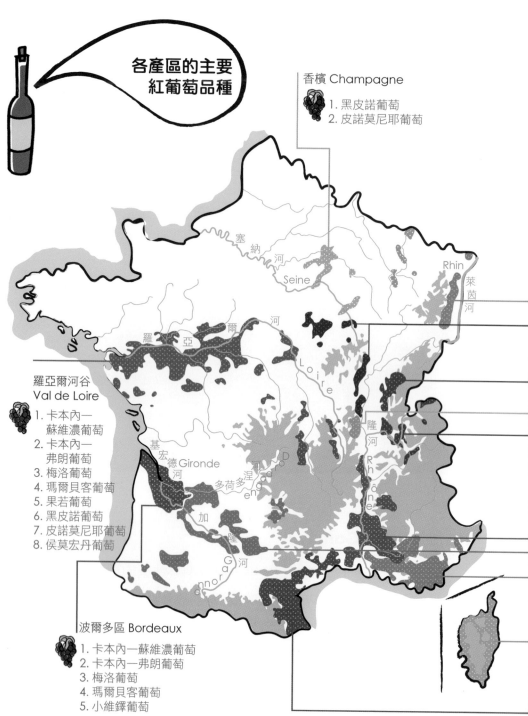

各產區的主要
紅葡萄品種

香檳 Champagne
1. 黑皮諾葡萄
2. 皮諾莫尼耶葡萄

羅亞爾河谷
Val de Loire
1. 卡本內—
   蘇維濃葡萄
2. 卡本內—
   弗朗葡萄
3. 梅洛葡萄
4. 瑪爾貝客葡萄
5. 果若葡萄
6. 黑皮諾葡萄
7. 皮諾莫尼耶葡萄
8. 侯莫宏丹葡萄

波爾多區 Bordeaux
1. 卡本內—蘇維濃葡萄
2. 卡本內—弗朗葡萄
3. 梅洛葡萄
4. 瑪爾貝客葡萄
5. 小維鐸葡萄

塞納河
Seine

Rhin
萊茵河

羅亞爾河
Loire

隆河
Rhône

基宏德河
Gironde

多荷多涅河
Dordogne

加隆河
Garonne

註：葡萄翻譯名稱
來自 Sopexa

阿爾薩斯 Alsace　黑皮諾葡萄

布根地 Bourgogne　1. 黑皮諾葡萄　2. 加美葡萄　3. 希撒葡萄
4. 土梭葡萄　5. 普莎葡萄　6. 蒙得斯葡萄

侏羅 Jura、薩瓦 Savoie
1. 黑皮諾葡萄　2. 普莎葡萄　3. 土梭葡萄
4. 加美葡萄　5. 蒙得斯葡萄

薄酒萊 Beaujolais　加美葡萄

隆河谷 Vallée du Rhône
1. 希哈葡萄　2. 格那希葡萄　3. 慕維得葡萄
4. 珊梭葡萄　5. 谷拿斯葡萄　6. 黑鐵列葡萄
7. 黑密斯卡丹葡萄　8. 瓦卡黑斯葡萄

1. 卡本內－蘇維濃葡萄　2. 卡本內－弗朗葡萄
3. 梅洛葡萄　4. 瑪爾貝客葡萄　5. 希哈葡萄
6. 加美葡萄　7. 阿布麗烏葡萄　8. 錦格烈特葡萄
9. 費爾瑟瓦都葡萄　10. 塔那葡萄　11. 都哈斯葡萄
西南產區 Sud-Ouest

普羅旺斯 Provence
1. 格那希葡萄　2. 慕維得葡萄　3. 珊梭葡萄
4. 拔給葡萄　5. 卡本內－蘇維濃葡萄
6. 卡利濃葡萄　7. 谷拿斯葡萄葡萄

科西嘉 Corse
1. 尼陸修葡萄
2. 西亞卡列羅葡萄

蘭格多克、乎西雍
1. 卡本內－蘇維濃葡萄　2. 梅洛葡萄
3. 希哈葡萄　4. 卡利濃葡萄
5. 珊梭葡萄　6. 慕維得葡萄
7. 格那希葡萄　8. 阿拉蒙葡萄

027

常用來釀造白酒的葡萄有哪幾種？

白葡萄的果皮中沒有色素存在，但是含有黃酮素（flavone），帶給果皮一點淡綠色和大量的芳香。成熟後的葡萄有淡金、琥珀、碧綠……等顏色。和紅皮葡萄一樣，在每個大產區內都有一種最適合種植的王牌葡萄。

1. 夏多內葡萄（Chardonnay）

原產於布根地的夏多內葡萄，屬於第一收成期早熟型的葡萄品種，能適應各種類型的氣候，對於環境的適應性也強，耐冷也容易栽種，土質對酒的特性影響很大，如栽種在肥沃的土地上，它的採收率可高達 100 百升／公頃。但是夏多內葡萄性喜貧瘠的土地，若種在含有石灰質的泥灰土上，葡萄成熟時的顆粒將會更飽滿，外觀呈現黃綠色，每串葡萄緊湊在一起，上面顯現著芝麻般的小黑點。每串葡萄上的顆粒不是很多，對於捲葉病特別敏感。

夏多內葡萄若種植於寒冷地方，所釀成的酒酸度高且口感重，並夾帶著牛油、烤麵包與青蘋果味，而種植在暑熱地方的葡萄所釀成的酒口感較為柔和，熱帶水果味多。兩者在陳年後都會出現乾果

▼顆粒飽滿的夏多內葡萄成熟時
帶著芝麻的斑點。

味（榛子、核桃味）。這種多變的魅力和風格也受到各產酒國的青睞，
是目前世界上種植最廣泛的白葡萄種。在法國除了布根地區，在羅
亞爾河谷地區的都漢（Touraine）、阿爾卑斯山侏羅（Jura）區及蘭
格多克地區都有種植。

2. 蘇維濃葡萄（Sauvignon）

▲又稱白芙美的蘇維濃葡萄。

又稱為白芙美（Blanc Fumé）的蘇維濃葡萄，原產在法國西邊，第二收成期的葡萄，性喜溫和的氣候，橢圓形的葡萄顆粒芳香、味酸、精壯也耐寒。對於土質和生長的環境特別敏感，從花、果香、植物的嫩芽味到青澀味，都能從土地中反映出酒的特質，如果土質中的矽石成分多，則有電石、礦石味，非常容易辨認。通常多用來釀造干白酒，細緻高雅。有時也混在別的品種內釀造高品質的貴腐甜酒。

3. 榭蜜雍葡萄（Sémillon）

原產地是波爾多地區的榭蜜雍，種植面積相當廣泛，一直延伸到地中海沿岸，在波爾多地方幾乎占了白葡萄一半的耕種面積。第二收成期晚熟型的葡萄，顆粒小、皮厚、含糖量高、香味不明顯，但是非常細緻，在特殊的環境下，若被白黴菌（Botrytis cinérea）侵蝕，內部的水分被吸取過後，外皮呈乾皺狀，具有一股焦烤味，相對地糖分提高，非常適合釀造貴腐甜酒。但是它對捲葉蟲非常敏感，如受到病菌的侵蝕極易腐爛，不適合釀造高品質的干白酒。

▲常用來釀造貴腐甜酒的榭蜜雍葡萄

4. 白梢楠葡萄（Chenin blanc）

　　白梢楠葡萄是羅亞爾河區的王牌，尤其在安茹（Anjou）、都漢兩地長得非常好，是一種晚熟型的葡萄，遲至秋末才會採收，成熟度不是很一致，必須分幾次摘取。它具有大量的蘋果香、蜂蜜、杏仁、檸檬、洋槐與榅桲梨味，酸度高。但是熟透的葡萄中含糖量可高達 450 公克／公升，非常適合釀造白貴腐甜酒，可以長期存放。

5. 維歐尼耶葡萄（Viognier）

　　主要生長在北隆河谷的維歐尼耶葡萄，釀出的酒強勁且酸度適中，散發出濃厚、郁香的白桃和紫羅蘭的氣味，之後可發現金銀花、茉莉花等白色花香，香料、杏乾、柑桔、麝香和蜂蜜等氣味。因為不耐長途搬運，因此種植範圍有限，在蘭格多克產區也有少量的種植。

6. 胡珊葡萄（Roussanne）

　　出自於隆河谷的胡珊葡萄，成熟慢又非常脆弱，是一種高貴的葡萄品種，可惜產量不多，釀出的酒細緻、芳香與堅實，品質奇佳可久存，多用來釀造 Châteauneuf-du-Pape、Hermitage……等白酒。

7. 克雷賀特葡萄（Clairette）

　　克雷賀特是南隆河谷釀製白酒的主力葡萄，非常芳香，大多和其他葡萄混合使用，釀成後的酒，具有花香味（玫瑰花、洋傀、菩提、染料木〔genêt〕）、香料味（小茴、八角）、果香（梨、桃子、蘋果、杏）及漿果味。味酸，酒精度高，可以保存。

▲釀造干邑的主力——白于尼葡萄。

8. 白于尼葡萄（Ugni Blanc）

　　白于尼葡萄的原產地是義大利，性喜生長在天氣較熱的地帶，中等顆粒且皮薄，抵抗力強，釀成的酒酸度低，但是種植在夏恆特（Charente）地區（這裡也是白于尼最北的生長極限了）則酸度大增，如果採收率提高，則酒精度降低，酒也細緻而香味極多，因為它具備了這幾種特性，極有利於釀成再蒸餾的白酒，目前占了該產區 98% 的生產量。

▲阿爾薩斯之花的麗絲玲葡萄。

9. 麗絲玲葡萄（Riesling）

麗絲玲葡萄一種古老的葡萄品種，生長在萊茵河兩岸，有「阿爾薩斯之花」的美譽，屬於晚熟型的葡萄，性耐寒，非常適合阿爾薩斯地區的氣候，尤其是晚秋時可讓葡萄慢慢地成熟，酒酸度高、清鮮活潑、性干且細緻，具有均衡的果香、香料與礦物味。如果是種在德國的麗絲玲葡萄，其口感較甜，特性特別明顯，除了釀造干白酒外，還可以用來釀造「晚採收」、「顆粒挑選」的甜酒，或是「特佳級」貴腐甜酒。雖然過熟的葡萄含糖量偏高，但它仍能含有高酸度，釀出的酒香味濃厚，口感緊密高雅大方，長期久存後，口感更為複雜，適合搭配當地的招牌菜「豬腳香腸酸白菜」與「白酒煨子雞」，或是海鮮中的貝殼類及生蠔。一般可以存放 10 ～ 15 年的時間。

10. 格烏茲塔明那葡萄（Gewurztraminer）

　　最早從義大利引進的格烏茲塔明那葡萄，1551 年成為阿爾薩斯地區的代表品種，這種早熟型的葡萄性喜天氣清涼的地方，果皮厚帶點紅紫色，釀出的酒活潑細緻、酒精度高、勁強、結構十足，性干但微甜與芳香，果香味中尤其以荔枝味特別明顯，同時還蘊含著玫瑰、洋槐花的花香味以及肉桂、胡椒、麝香……等香料味。憑人

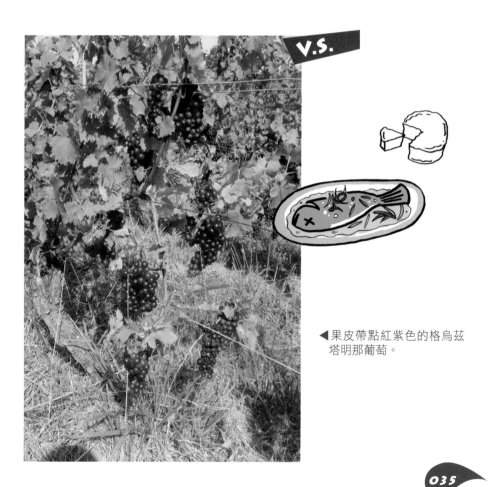

V.S.

◀果皮帶點紅紫色的格烏茲塔明那葡萄。

類的嗅覺辨認，在格烏茲塔明那葡萄酒中已發現有500 種不同的味道。格烏茲塔明納葡萄是高貴品種之一，採收率低而不穩定。它的貴腐甜酒更是一種珍貴出名的甜酒。

格烏茲塔明那葡萄酒可以搭配的菜色範圍也廣泛，微甜的晚採收酒可以做為開胃酒，貴腐甜酒配鵝肝醬，干性酒配前菜或魚類。特佳級的酒配主菜，尤其是口味重或咖哩類的料理；特佳級的老酒則可配野禽、口味重的乳酪類，也非常適合搭配辛辣味的「中國菜」。

11. 灰皮諾葡萄（Pinot gris）

原產地是布根地的灰皮諾葡萄，它也是皮諾（Pinot）葡萄系的一支，傳說它是黑皮諾葡萄的變種，因為果皮呈現灰藍與淡紅色而有灰皮諾之稱（gris 在法文中是灰色的意思）。釀出的酒酸度不高，且口感圓潤、細緻，酒精度高，並含有大量的果香味，尤其是鳳梨味，隨著酒齡的增長變成熟透的水果味（杏、桃等黃白色水果味），口感圓潤。只占產量的7%，搭配鵝肝醬、白肉類、家禽類為宜。特佳級的酒可配野禽類。

▼果皮呈灰藍色的灰皮諾葡萄。

▼▶密思嘉歐脫內葡萄

12. 密思嘉葡萄（Muscat）

　　有兩種不同的密思嘉葡萄，一種是顆粒小、果皮淺粉紅色的密思嘉葡萄，在地中海地區多用來釀造天然甜酒（VDN），而在阿爾薩斯地區是用來釀造干性酒，葡萄早熟且果香味多具有刺激性。另一種密思嘉歐脫內葡萄（Muscat Ottonel）比較早熟，麝香味重，多用在阿爾薩斯產區，通常是兩種葡萄混合使用，釀出的酒性干，果香味多，酸度不高，口感沒有麗絲玲那麼深厚，產量不多，只占到 2.7%，適合搭配清淡的食物，也是少數可以搭配蘆筍的酒。一般都做開胃酒用，不宜久存。

▲蜜思卡得葡萄

13 布根地香瓜葡萄（Melon de Bourgogne）

　　原產於布根地的布根地香瓜葡萄，在該地區使用得不多。1709年，南特（Nantais）地方發生的冰寒氣候凍死了所有的葡萄樹，修士們在布根地產區找到了這種極耐寒的葡萄種，移植到本地區後長得非常美好，酸度不高，十分芳香並有一種麝香味，本地人稱它為蜜思卡得葡萄（Muscadet）。

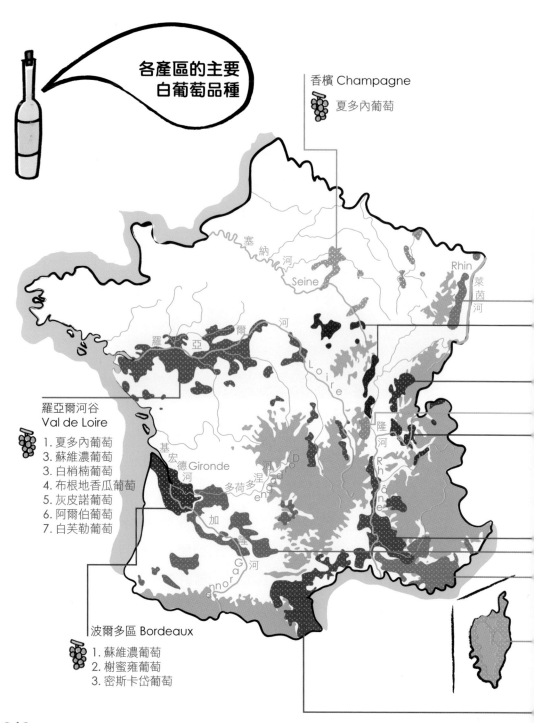

各產區的主要
白葡萄品種

香檳 Champagne

夏多內葡萄

羅亞爾河谷
Val de Loire

1. 夏多內葡萄
3. 蘇維濃葡萄
3. 白梢楠葡萄
4. 布根地香瓜葡萄
5. 灰皮諾葡萄
6. 阿爾伯葡萄
7. 白芙勒葡萄

波爾多區 Bordeaux

1. 蘇維濃葡萄
2. 榭蜜雍葡萄
3. 密斯卡岱葡萄

阿爾薩斯 Alsace 1. 麗絲玲葡萄　2. 格烏茲塔明那葡萄
3. 灰皮諾葡萄　4. 密思嘉葡萄
5. 夏斯拉葡萄　6. 希瓦那葡萄　7. 白皮諾葡萄

布根地 Bourgogne 1. 夏多內葡萄
2. 蘇維濃葡萄
3. 阿里哥蝶葡萄

侏羅 Jura、薩瓦 Savoie

 1. 夏多內葡萄　2. 莎瓦涅葡萄
3. 賈給爾葡萄　4. 夏斯拉葡萄
5. 阿爾地斯葡萄

薄酒萊 Beaujolais 1. 白皮諾葡萄　2. 夏多內葡萄

隆河谷 Vallée du Rhône 1. 維歐尼耶葡萄　2. 胡珊葡萄　3. 克雷賀特葡萄
4. 白于尼葡萄　5. 密思嘉葡萄　6. 瑪珊葡萄
7. 白格那希葡萄　8. 皮克补爾葡萄。

西南產區 Sud-Ouest 1. 蘇維濃葡萄　2. 榭蜜雍葡萄　3. 白于尼葡萄
4. 莫札克葡萄　5. 連得勒依葡萄　6. 翁束克葡萄
7. 阿胡菲亞克葡萄　8. 大蒙仙葡萄　9. 小蒙仙葡萄
10. 古爾布葡萄　11. 拔后克葡萄　12. 高倫巴葡萄
13. 蜜斯卡岱葡萄

普羅旺斯 Provence 1. 克雷賀特葡萄　2. 白于尼葡萄　3. 密思嘉葡萄
4. 馬珊葡萄　5. 夏多內葡萄　6. 布布蘭克葡萄
7. 侯爾葡萄

科西嘉 Corse

1. 巴巴羅莎葡萄
2. 維門替諾葡萄

蘭格多克、乎西雍 1. 夏多內葡萄　2. 克雷賀特葡萄
3. 白于尼葡萄　4. 馬卡貝甌葡萄
5. 白格那希葡萄　6. 布布蘭克葡萄
7. 莫札克葡萄　8. 密思嘉葡萄
9. 皮克补爾葡萄　10. 榭楠葡萄

041

葡萄有哪些組成部分？

葡萄的種類繁多，每種都有自己的成長節奏，從發芽、結果，一直到成熟都有個別的差異，第一成熟期早熟型的葡萄到第四成熟型晚熟型的葡萄幾乎相差了 70 天，前者適合種植於北邊較涼的氣候，後者則反之。葡萄成熟時間差異大會造成採收上的不便。當葡萄成熟時會散發出誘人的香甜味，顆粒中的酸度會減弱，糖分、單寧、礦物質等元素也會不斷的增加，逐漸累積了以後所要釀造的葡萄酒特性。若是用不夠成熟的葡萄釀成的酒，則會帶有青澀味。

一串葡萄是由細梗（莖）和顆粒兩部分組成的。

細梗

細梗是連接樹枝和顆粒的橋樑，將根部和樹葉吸取的養料傳送到顆粒中。當我們嚼一口細梗，可感覺到一股收斂的青澀味，這是因為裡面含有單寧。在壓榨的過程中，會把細梗和顆粒分開，而釀造紅酒時，會斟酌情況略加少許細梗，因單寧（澀味）會影響酒的口感及結構，過多時會打亂酒的平衡。

顆粒

是由果皮、果肉和葡萄籽所組成，顆粒的大小隨著品種、氣候、收割率……等略為不同。

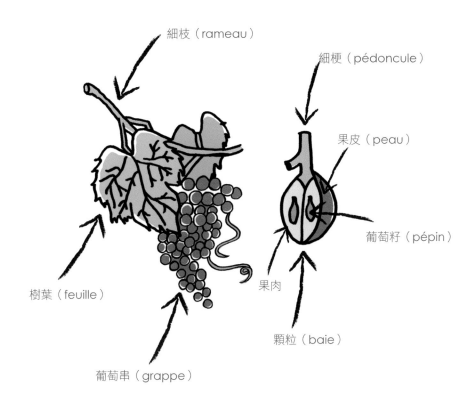

細枝（rameau）

細梗（pédoncule）

果皮（peau）

樹葉（feuille）

葡萄籽（pépin）

果肉

顆粒（baie）

葡萄串（grappe）

　　1. 果皮：顆粒表面的一層臘質薄膜和果霜，重量約占葡萄顆粒的 10%，葡萄皮除了形成保護作用外，當中的酚類和單寧酸，對酒的顏色和結構也具有非常大的作用。花青素（anthocyane）是一種存在於紅葡萄皮中的色素，在釀造紅酒的過程中，為了要吸取果皮的顏色，在壓榨後必須要浸泡。黃酮素（flavone）存在於綠葡萄皮中，雖然它沒有顏色，但是會為白酒增添大量的芳香。果皮中的單寧比葡萄籽和細梗（莖）中的單寧更為高雅與細緻。

2. 果肉：釀酒用的葡萄比一般食用的葡萄含有更豐盛的汁液，約占顆粒重量的 80 ～ 85%，其中包含了水分、醣類（葡萄糖〔glucose〕、果糖〔fructose〕）和酵母素（levulose）、氮化物（azotée）、礦物質、維生素，和各類的有機酸，主要有：酒石酸（acide tartrique）、蘋果酸（acide malique）、檸檬酸（acide citrique）……等。含酸量的多寡會隨著葡萄的成熟度、產地、品種與年份而改變，其中的含糖量也跟著成反比。在釀造過程中，每 17 公克的糖分會轉變成 1 度酒精，一般葡萄酒的酒精度介於 11.5 ～ 14.5 度，葡萄必須要有足夠的糖分才能達到佳級葡萄酒的水準。各產區都有官方規定的採收期，這段時間內酒農會測量葡萄中的含糖量，再決定採收日子、採收方式和釀造類型。

3. 葡萄籽：依照不同的品種，顆粒內會有 2 ～ 4 粒的小籽，因為含有大量的單寧、氮化物和油脂，因此在壓榨過程中需要盡量避免搗碎，否則會造成太多的苦澀味，妨礙到酒的質地，口感上也不平衡。

葡萄樹型有哪幾種？
有什麼差別？

去 過葡萄園散步的人們會不會有一種疑問：「為什麼葡萄樹的
樹型都不一樣？」

葡萄樹是一種生存力極強的植物，即使土地貧瘠，只要排水良
好、氣候不太冷、陽光充足的地方都可生長，為了提高葡萄的品質
和生產量，酒農總是會選最有利的地段來栽種，無微不至地照顧果
園。葡萄樹是落葉灌木植物，每年冬天休眠期酒農們就忙著修剪他
們的果樹，將已木質化的葡萄蔓枝按照不同的整枝系統除去多餘的
枝芽，各大產區都會依當地的地理環境、採收率來決定自己剪枝的
樹型（也是 INAO 的規定），保留能承擔顆粒的枝段並調整其長度；
剪去過多的細枝，避免養料過於分散；再來是要控制生產量，以獲
得更美好的顆粒和維護樹木的健康，讓同片土地的養料集中供給有
限的葡萄，產品的質量也會提高，釀成的酒口感更濃郁。剪下的細
枝則就地絞碎或焚燒充當肥料。

在法國常見的剪枝法有以下幾種：

1. la taille en Gobelet（杯子樹型）

為了適應地中海地區的炎熱乾旱氣候，地區的酒農把樹幹修剪成短粗的樹型，讓較短的分枝上每年長出扇狀般的細枝，保護葡萄串不被燒傷。

2. la taille Guyot（居由式樹型）

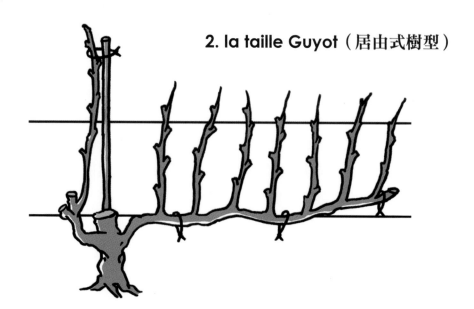

樹幹左或右側的一細長枝綑綁在支架上，以專業技術控制其長出 6 ～ 12 個眼，另端的母枝（courson）上長出的兩眼留到下年用，稱為 taille Guyot simple。如果在兩側都保留細長枝成對稱狀，則為 taille Guyot double。因有支架撐著，可以讓樹上長出較多的葡萄，不必事先摘除，而且有利機器操作。

3. la taille en cordon de Royat（高登式樹型）

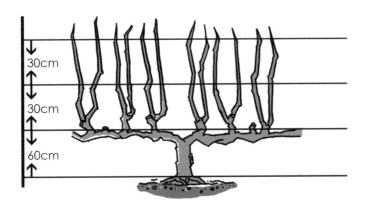

　　樹幹長出一或二水平的短支幹（稱為 cordon），上面長出幾個母枝，這種剪枝法的葡萄負荷量不如前者。另外，在夏布利和香檳區也有自己的剪枝法。

4. la pergola

　　棚架式的種植在法國不常見，多用在義大利和葡萄牙地區。

在葡萄樹的成長過程中，
酒農要進行哪些工作？

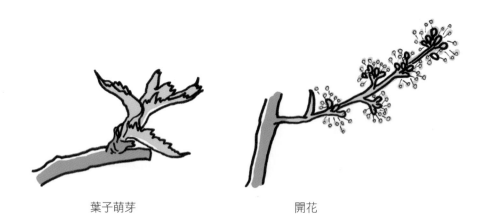

葉子萌芽　　　　　　　　　　開花

結果　　　　　　　轉色　　　　　　　成熟

葡 萄樹是落葉灌木植物，每年的成長期區分成發芽、長葉、開花與結果四個階段，酒農們在春夏秋冬各季都安排了不同階段的工作。

1. 冬天的休眠翻耕期

　　按照一般落葉植物的通性，樹葉在 11 月時會開始脫落，光禿禿的樹幹可以抗禦嚴寒的冬天，承受到零下 17℃ 的低溫。到了次年春天，土地的溫度上升到 10℃ 左右時，天氣暖和，光禿禿的樹枝就會慢慢地變色，並且開始鑽出嫩芽。葡萄樹的生長循環也不例外，在這段期間，酒農除了要清理採收後的葡萄園外，還要依照各產區的規定做冬季的剪枝，為的是除去老化的枝蔓和過多的嫩芽，還要拔除枯老的樹藤，以確保來年的品質和產量。在酒坊方面，則要清理刷洗釀造過後的使用工具，同時要細心的照顧新釀的葡萄酒，為其換桶、漂清酒中的渣滓物，並將混好的酒裝入陳年的木桶中。

2. 春天的發芽成長期

　　通常葡萄樹的發芽期比一般果樹為晚，等到 4 月時樹葉才開始發出嫩芽，生長的速度會因天氣和地區而有不同，這時還需要留心突來的霜降或寒流，如果氣溫低於負 2.5℃ 時，土地受凍則會導致嫩芽（葉）的死亡，而無顆粒產生。為了保護樹上剛長出的嫩芽，在特別冷的日子，酒農會在園中置放人工暖爐增加空氣中的溫度，或用噴水法將新長出的嫩芽保護在冰膜內。葡萄園也要進行翻土、

除草與防止蟲害等工作，樹根的甦醒要靠 3、4 月的雨水。在此期間，嫩葉和枝蔓也漸漸地成長增加，需要視其情況做必要的修剪。

3. 夏天的繁殖結果期

　　一直到了 6 月初就可以發現白色細小的葡萄花，為了保證花蕊受粉率大以獲得更多的顆粒，此時需要有適當的風力來散播花粉，風力是決定當年葡萄收成量的關鍵，如果風力不足、下雨量過多或是氣溫上升太快不穩定，都會影響花蕊受粉，導致產量降低。要是受粉期拖長，造成園中葡萄的成熟時間不一致，會增加採收工作的困擾。

　　通常只有 30% 的花蕊受粉成功，當它們凋謝後則轉變成顆粒的雛型，以後的兩個月時間，顆粒會漸漸的增大，枝葉也會趨於木質化來支撐每串葡萄，此時過於繁茂的枝蔓就要修剪，避免它們搶走了養分，以後釀出的酒中才不會帶有青澀味，同時也要讓支架間保持空氣流通，以增加葡萄健康的一致性。到了 8 月中旬，葡萄顆粒近於成熟並且停止增大，由青色轉變為成熟的果色，果皮也變得薄弱，而果肉中的糖分提高，相對的果酸度也降低了，這就是成熟期。在這段期間，陽光是非常重要的，是決定當年產品品質好壞的關鍵時刻。

4. 秋天的成熟採收期

　　一直到 9 月中旬，葡萄中的糖已經不再增加，除了一些產區必須等到過熟或貴腐的特殊需求外，通常是在開花後的第 100 天來採

收，不過採收日也要參考各產區的氣候、品種、測定葡萄的含糖量與葡萄園方位等因素來決定，採下的葡萄要盡快送到酒坊去壓榨處理。

採收後，葡萄葉會變成棕黃色且慢慢地脫落，樹枝也成乾枯狀，留下光禿禿的樹幹，準備開始冬眠，這時還有剪枝的工作。在酒坊內的釀造工作則是把採收的葡萄去梗、挑選、壓榨後發酵，每日都要品嚐與監視整個發酵過程，將視各種酒的實際變化來決定之後的混酒比例。

▶結滿果實的葡萄樹

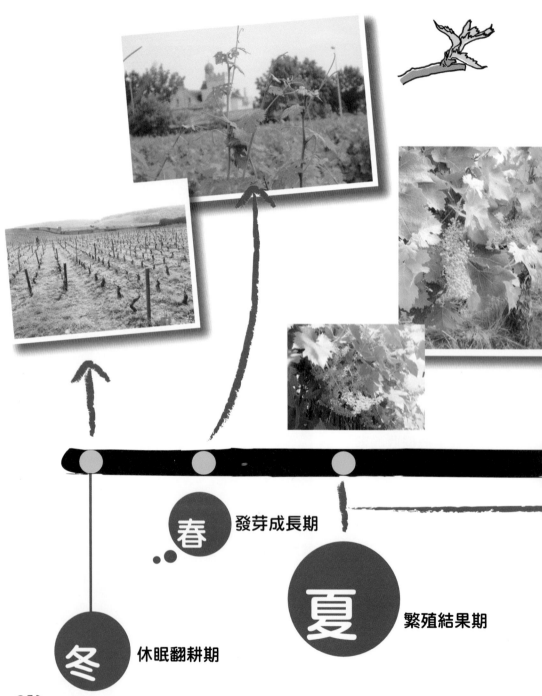

春　發芽成長期

夏　繁殖結果期

冬　休眠翻耕期

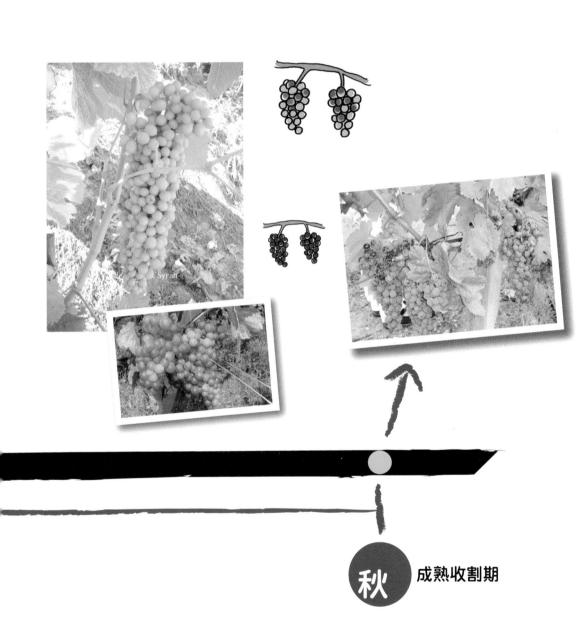

秋 成熟收割期

葡萄樹也會生病，
想要有機種植是否可行？

葡萄樹會受到來自四面八方的蟲害攻擊，這些蟲害包含昆蟲、病毒、真菌、鳥類或是寄生蟲，最嚴重的莫過於 19 世紀末由美洲傳來的根蚜蟲（phylloxéra）禍害，而在這次災難之後，也改變了葡萄樹的種植生態。來自美洲的真菌還有粉孢菌、霜黴菌（oïdium、mildiou）等，隨時都會摧毀整個葡萄園。狀況可能出自每個環節，例如釀製的酒窖、陳年、裝瓶的衛生……等都需注意。

1. 真菌疾病 (cryptogamique)：粉孢菌、霜黴菌會侵襲樹葉、顆粒與樹幹，在溼熱的環境中，白黴菌會變成灰黴菌，而導致顆粒全部腐爛。剪枝也是為了增加枝葉間的距離，保持空氣流通，以避免潮溼。

2. 細菌性疾病：由細菌的感染所造成的感染性疾病。

3. 病毒疾病 (virales)：病毒疾病將會引起樹葉周邊乾枯。

4. 蟲害：葉蟬、飛蛾結蛹、金甲蟲、紅蜘蛛……等昆蟲都會危害到樹葉與顆粒的完整。此外，鳥、獸的侵害都會導致葡萄或樹木的折損。

經過了根蚜蟲的災難，最後終於找出接枝法來解決，接枝法就是把法國的樹枝嫁接到美洲種的樹幹上，這種免疫動作可避免災害再度重演。

近年來，各產酒國都相當重視有機葡萄酒的生產，世界各國要求的規格不同，尺度也都不同，很難釐訂純有機葡萄酒的標準。2012年，歐盟推出了有機葡萄酒相關的新法案，其中規定了怎樣的葡萄酒才算是有機葡萄「酒」：釀酒用的「葡萄」必須是使用有機方式來栽種，尊重土地的自然性，酒農在葡萄園內不得使用化學藥劑來除草，也不得使用化學肥料與農藥，只能使用植物性的肥料，在具有微生物、蚯蚓等完整生態體系的土壤上來栽種葡萄，而且還要過去3年或以上的時間，沒有施放上述任何化學物質的紀錄，如此的葡萄園才可以被評定為有機葡萄園。

　　唯一的例外是，葡萄園可以使用波爾多液（bouillie bordelaise，一種殺真菌劑）和硫來防治霜黴病或白粉病，但噴灑時不能觸碰到顆粒。在還沒有找到其他解決辦法之前，歐盟允許酒農斟酌情況少量使用藥品，如果施用的方式符合規定，進入葡萄酒的殘留量是微乎其微的，同時在釀造過程中也不可放入任何的添加物。

　　有機種植的總體精神就是使用可再生的資源，盡量不使用無法再生的資源來耕種，釀製出符合風土特點的葡萄酒。一般有機種植葡萄園的產量是比較低的，雖然有機葡萄酒在釀造、裝瓶過程中不加入任何添加物和防腐劑，可是它並不會在酒標上張貼有機標誌。有機葡萄酒的品質跟其他葡萄酒一樣，取決於生產顆粒的葡萄園土地以及釀酒技術。

Terroirs 指的是什麼？

葡萄酒業中常用的一個字彙「Terroirs」，看似簡單，卻含有多方面的綜合意義，也就是指一塊葡萄園的土壤（sol、sous-sol）成分、地形、地貌（topographie）的變化、小地理氣候（microclimat），再加上人類所累積的工作經驗。

A. 土壤

葡萄樹對於不同環境的適應力很強，但若是選擇在某種特定土質的土地上種植，葡萄就會長得特別好。從酒農長期累積的經驗發現，葡萄樹性喜排水良好的貧瘠土地，樹的根部必須向土地的深處尋找水分，當它穿過不同層次的土壤吸取不同的養分與礦物質，這些都會反應在釀成的葡萄酒中，而使酒產生了不同的口感，若再加上產量的控制，酒更會顯得濃厚。如果葡萄樹種植在肥沃的土地上，雖然葉子長得茂盛，但是顆粒嚐起來變得乏味。

B. 氣候

氣候包含了陽光、溫度、風向與溼度（雨量），各區的產品每年都受到這四種因素影響，因為沒有一年的氣候是完全相同的。

1. 陽光：因地理位置的不同，各地區的受光時間也不相同，日照強的地方種出的葡萄含糖量多，釀出來的酒缺乏酸度，口感不夠細緻；相反地，日照弱的地方（北邊、背山處）種出的葡萄糖分少，釀出來的酒酸度高、酒精度低。南邊的日照強，葡萄皮中的色素多，釀出的酒呈現深濃色；高緯度地方所釀出的酒，其顏色較淺、芳香。

2. 溫度：如果 4 ～ 10 月份的氣溫平均值達到 16℃，則其所出產酒的品質普遍正常，若超過 17℃，其品質則會提高，若低於 15℃，酒的品質則平凡。產地在 8 ～ 9 月份的氣溫和雨量特別重要，是決定當年葡萄酒品質好壞的關鍵時刻，氣溫太高則葡萄成熟得太快，所釀造出來的酒不夠細緻，氣溫太低則葡萄成熟得太慢，造成含糖量不足，所釀成的酒欠圓潤。寒冷的冬天可凍死一些害蟲，有利於葡萄樹的健康，來年的春天若是太熱或是太冷，都會損及葡萄花的成長，影響當年的收成量。

3. 風向：在繁殖期（5 ～ 6 月）葡萄的產量需要依靠風力來散播花粉，使得花蕊的受粉率提高。如果風力過強，將會提高乾燥度，則不利於幼苗的成長；如果風力不足，又怕會造成花苞腐爛。某些地方有特殊的地理環境，又遇上適時的風力，這些都有利於葡萄的成長與收成，例如阿爾卑斯山向南吹的冷風經過了隆河河谷轉變成劇烈的強風（Mistral），酒農必須拴牢幼樹；到了晚秋，剛好又有地中海吹過來的焚風（Sirocco），這種空氣溼熱的「及時風」有利於葡萄的成長。

4. **溼度（雨水）**：每年 4 ～ 10 月的雨量平均值若為 310mm，則表示當年酒的品質正常；如果這段時間天氣炎熱、乾旱，雨量平均值下降到 266mm，則所釀造出來的酒較醇也易於保存；如果雨量平均值超過 388mm，則所釀造出來的酒較為淡薄。冬末、初春時，枝葉成長需要水分，但葡萄成熟與採收期，要避免過多的水氣，否則顆粒將會增大，汁液變得稀薄，糖分就會降低，所釀出的酒就顯得不夠醇厚。

C. 地形、地貌

地表的山河起伏與方位對葡萄園有很大的影響，河水可以調節氣溫；方位就是面向陽光的方向，葡萄園若是朝向東南、西南或正南方，每天接受的日光時間多，有利於葡萄的生長，山陰則不適合葡萄的栽種。山坡地比平原地貧瘠，葡萄的產量少但品質較佳，葡萄樹種植在中段區域最好，因為山頂的水量少，而山腳下的排水過慢、溼度大。

D. 人為因素

自古以來，宗教和葡萄酒之間就有著密不可分的關係，在過去，葡萄酒業幾乎都操縱在各大教會手中，他們除了擁有眾多的葡萄園，還有龐大的資金與各種專業人才，對於葡萄的種植、土地的開發與釀造的技術都有深入的研究，累積的經驗也傳承到了今日。

在葡萄園中,酒農們選擇適當的葡萄、剪枝、改進排水狀況、透過休耕提供有機物質,與選擇有利的方位區塊讓土地活化起來。一個好的酒農會讓土地發揮出它的風土特質,從剪枝、採收率來改進葡萄所含的養分,直到應有的成熟度,才不致於苦澀味太多。種植葡萄時若使用過多的肥料,將造成產量過大,長出的葡萄所釀成的酒索然無味,而此種作法也將會摧毀土地。

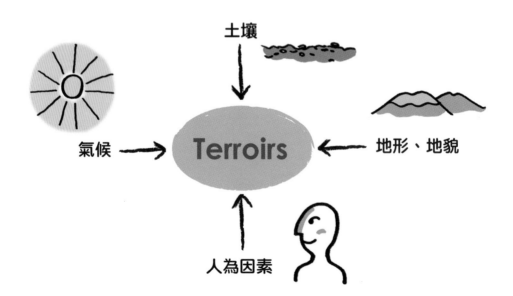

好酒出於哪幾種典型的土地上？

在 大自然的環境下，種植葡萄並沒有設定什麼典型的土地，我們依照過往的經驗，可以歸類出幾種類型的土地，能種植出最適合用來釀造好酒的葡萄，不同的地表厚度、深層成分等，都能給予佳釀不同的特性。在同型的土地，不同的氣候下，出產的酒也會絕然不同。

可釀造出好酒的葡萄園，大多出自下列幾種類型的土地：

1. 第一疊紀的火成岩土、花崗岩土

這種屬於太古時代類型的土地，大多分布在薄酒萊的北邊，隆河谷地（Vallée du Rhône）產區的北邊，普羅旺斯（Provence）沿海一帶，蘭格多克的聖西尼仰（St-Chinian）、佛傑閣（Faugères）和巴紐（Banyuls）地區，羅亞爾河谷地的安茹及阿爾薩斯部分地區。

2. 第二疊紀的沉積岩土

地殼的變動使海水退卻了，海底大量石灰質的沉積物隆起形成地面，出自於有機物殘片、貝殼等，因此產生了石灰黏土、石灰岩、沉積岩土地，分布在布根地、侏羅和夏布利（Chablis）區。屬於白

堊紀的白堊土，分布於香檳區、干邑（Cognac）和梧雷（Vouvray）地區，在普羅旺斯的邦鬥爾（Bandol）、蘭格多克和隆河谷某些地方也是此類型的土質，當中還混有很多貝殼、小碎石。

3. 第三疊紀的沖積岩土

第三疊紀是較晚形成的沖積岩土，其由礫石與卵石構成，以波爾多一帶和南隆河谷地區為主，最出名的是以教皇新堡（Châteauneuf du Pape）的大卵石為代表產區，釀出的酒品質、特性和類型完全取決於土質和地下層的結構，而會有不同的影響，至於土地過度肥沃所出的產品，反而缺少吸引力。

▼北隆河谷羅弟丘的火成岩土、片頁岩土。

▲夏布利地區的石灰黏土、石灰岩土地。　▲梅多克地區的礫石土地。

土質結構對葡萄酒的影響：

1. 矽質地（silice）：酒強勁而味香、細緻。
2. 鈣質地（calcaire）：酒口感滑軟、圓潤且結構堅強。
3. 黏土地（argile）：酒強勁芳香、細緻、緊密且酸澀度高，
   適合久存。
4. 砂土地（sableuse）：酒清鮮、易飲。
5. 礫石土（graveleux）：酒平衡、香醇。

土地和葡萄之間
最完美的結合為何？

不同品種的葡萄種植在適合的土地上，釀出的酒特別具有特性。一般的特級佳酒大多出產於下列幾種土質的土地：

1. 礫石土（Les graves）

　　主要分布在波爾多基宏德河左岸的梅多克地區，土中多少混些砂石或黏土，地熱、貧瘠、排水容易，通常地層中礫石的厚薄、貧瘠度可決定產品等級的排列序，此為晚熟型的卡本內—蘇維濃葡萄最適合的土壤，釀出的酒芳香、平衡、結構堅強，如果把它種植在石灰黏土多的里布內區裡，葡萄中的酚類將難以達到成熟的地步。

2. 石灰黏土（Les argilo-calcaires）

　　分布在波爾多里布內區（聖愛美濃、弗朗薩克、卡斯提雍丘等），石灰黏土具有地寒的特性，主要種植早熟型的梅洛葡萄，成熟得快、產量大，釀造出的酒口感清鮮、圓潤、細緻。如果梅洛葡萄種植在礫石土多的基宏德河左岸，則必須選擇山丘的低層種植。

3. 礫石黏土（Les argilo-graveleux）

　　波爾多里布內區的玻美侯（Pomerol）為代表，黏土滲水性慢，能讓卡本內—弗朗、梅洛葡萄慢慢成熟，卡本內—弗朗葡萄使酒芳香細緻，梅洛葡萄使酒醇厚緊密。讓產品顯得更高雅大方。

4. 鈣質泥灰岩（Les calcaro-marneux）

由二疊紀的沉積岩土所形成的布根地區土地，葡萄園大多處於山坡地上，面向著南方、東南方，是黑皮諾葡萄、夏多內葡萄最佳表現的場所，產品也可算世界之最。酒體明顯、結構堅強、可以久存。如果夏多內葡萄種植在氣候較熱的地方，則所釀成的酒將會較強勁沉重且酸度低。黑皮諾葡萄對環境反應極為敏感，特性變化也大。

5. 風化的花崗岩（Les arènes ganitique）

北隆河產區山坡地種出的希哈葡萄，釀成的紅酒細緻緊密且芳香，南邊出產的希哈葡萄難以相比。

6. 片頁岩（Les schistes）

散布在蘭格多克—乎西雍（Roussillon）、阿爾薩斯區，其土地貧瘠、地熱，可使麗絲玲葡萄的成熟度非常美好。如果格那希葡萄採收率高，則釀造出來的酒其酒精度高、結構弱、不夠細緻，因它容易氧化，故常和希哈葡萄、卡立濃葡萄、慕維德葡萄混合釀製。反之，格那希葡萄在乎西雍產區則可釀出高檔的天然甜酒，其酒色深、緊密、圓潤、芳香。在羅弟丘（隆河谷區）的田地受日照時長、排水好、土地貧瘠，希哈葡萄不易長得很快、量也不多，釀出的酒細緻、芳香與成熟。

7. 鵝卵石（Les cailloux roulés）

　　最出名的莫過於南隆河谷區的新教皇城堡區，卵石在白晝吸取大量的熱能，並於夜間將其釋放出來，葡萄因受到雙份的熱量而極易成熟，所含的糖分也多，釀成的酒強勁。只有格那希葡萄、希哈葡萄才能承受得了這種環境。

8. 白堊土（Les crayeux）

　　香檳地區的白堊土，具有海綿般的功能，可調節溼度與熱量，區內的黑皮諾葡萄、夏多內葡萄長得細緻、芳香、酸度高，先釀成白酒後，再做第二次的瓶中發酵，就是著名的香檳酒。

9. 砂岩（Les gréseux）

　　分布在部分的阿爾薩斯土地上，使得麗絲玲葡萄、灰皮諾葡萄、格烏茲塔明那葡萄長得非常細緻美好。地貌的起伏與日照的時間長，對葡萄都是加分的。

10. 火成岩（Les volcaniques）

　　薄酒萊產區的北邊、部分的普羅旺斯區、羅亞爾河谷的安茹產區、蘭格多克的聖西尼仰、佛傑闌區都有火成岩土，也是佳美葡萄（Gamay）最喜歡的土地。

什麼是種植氣候？

葡萄樹生長於地球的北緯 30 ～ 50 度與南緯 30 ～ 40 度之間，環繞了整個地球的一周。在這些地帶上，氣候變化多端，但大致上是溫和的。根據長久的觀察和統計，葡萄性喜在地中海氣候區，即使是生長在別處，它們也有適應當地環境的本性，而且很自然地會去尋找遮蔽體、水源、日照、樹林附近和高山清涼處來生存。一般的氣候是指在自然條件下，統計同一地區天氣的瞬時參數，但對於葡萄種植氣候，通常是用 30 年的平均值而下定義，每月最高、最低的平均溫度。透過最高溫度累計指數，可瞭解葡萄成熟度。依每月平均下雨量，每年起霧、結冰、冰雹的天數，每年起風狀況、風力和方向。將地球區分成下列幾個氣候區：

1. 大西洋氣候區：蜜斯卡得、安茹（羅亞爾河中、下游）、波爾多與葡萄牙等地都屬於大西洋氣候區，溫和的氣候使葡萄容易成熟。雨量非常重要，波爾多地區秋分時的降雨量、陽光，是決定每年品質的因素之一。

2. 大陸性氣候區：布根地、香檳、阿爾薩斯、羅亞爾河上游區、德國、奧國、匈牙利等地，凌厲的寒冬、炎熱的夏季，常要靠大西洋吹過來的水氣澆灑，大陸性的熱氣還要靠各產區的海拔度來消暑。

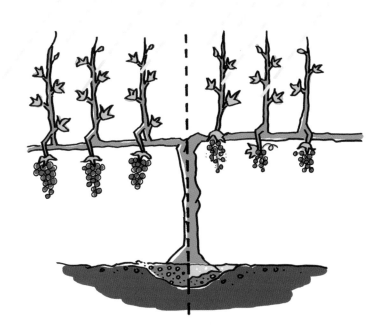

    3. 地中海氣候區：隆河南邊產區、普羅旺斯、蘭格多克和乎西雍區、西班牙、北加州、南非、智利、澳大利亞南邊、地中海沿岸都是地中海氣候區，在這種天熱的地方，每年有冬、夏乾旱季，一些乾枯的溪、河常要靠暴風雨帶來水量滋潤葡萄園，但還是經常缺水。

4. 高山性氣候區：阿爾卑斯山、庇里牛斯山、智利山區，由於海拔度高，氣候都較涼，一般葡萄園都選在向陽的坡地上。

5. 小地理氣候區：產區內的一些小塊葡萄園，具有當地的奇特性，包含了海拔度、向陽坡、風向、土質、接近水源、樹林、地貌起伏的變化，都能在適當的時刻使葡萄長得格外成熟美好，近於國人常說的「風水」寶地。

水分對於植物的生長是非常重要的，樹根從土中吸取水分來供養各部位養料，天氣（雨、霧的給水）扮演了重要的角色，排水程度依土質而有不同。葡萄在其成長階段是需要水分的，否則會影響到它的成熟度，但成熟後期則不需要過多的水分。葡萄園的需水量雖低，但旱季過長會阻礙顆粒中的糖分、酚類、花青素的增長，它們是提供結構的原動力。過多的日照會烤焦葡萄顆粒，雨量過多會使顆粒漲大、汁液稀薄、口感不濃厚。在溼氣過重，枝葉間空氣不夠流通的情況下，葡萄容易腐爛，因而特佳級的葡萄園都處於天然排水良好的土地上。許多地中海氣候的出產國雨量稀少，在一些良田上都用不同的方法來灌溉，但在法國，除非有特許，否則人工灌溉是禁止的。

氣候分區圖

海洋性氣候　　大陸－海洋過渡性氣候（半大陸性氣候區）

大陸性氣候　　山地氣候　　地中海性氣候

新舊世界的葡萄酒
有哪些區別？

今日所看到的葡萄是源自於高加索、小亞細亞地區，再慢慢地流向世界各地種植生長。大馬士革附近出土的盛酒器皿有8,000年的歷史，2,000多年前希臘人把葡萄樹帶進了地中海各地區，羅馬兵團又將葡萄的種植系統性地推廣到各地。4世紀時，羅馬皇帝君士坦丁正式承認基督教，在彌撒的儀式上會用到葡萄酒，因此更助長了葡萄的栽種。具有龐大資金和充沛專業人才的各教會，對於葡萄、土地和釀造都有深入的研究，並具有眾多的田地，往後也主宰了幾個世紀之久的葡萄酒業。兩、三百年前，一些歐洲的傳教士到海外從事神職工作，也把葡萄種植和釀造葡萄酒的技術帶到了新大陸，這些新興的葡萄酒生產國就被稱為葡萄酒的新世界，主要是引進對於生長環境適應力較強的法國波爾多、布根地品種來種植釀造。

由於沒有產區界限和繁瑣的分級制度，他們可以大面積進行單一種植，以利於機械操作，一般酒廠的規模也較大、生產量高。如以現代化技術釀出的葡萄酒，氣味很芳香，尤其是果香味多，且帶有微微的甜味容易入口，具有強大的誘惑和親和力，因此第一接觸很討巧，很容易就能體驗葡萄酒的純粹，但是時間久了會令人感到

單調而缺乏特性，留下的回味和記憶不多。另一方面，沒有過多酒莊名稱需要去記憶，學習起來也容易。

　　相對的，舊世界是指歐陸的法國、義大利、西班牙、德國等幾個葡萄種植和釀造歷史較久的國家，他們為了要保留傳統的風味和經驗的承傳，就規範一些法規制度要求酒農們遵守，尤其是法國酒中的「產區管制」（AOC）和它詳細的分級制度，更獲得世界各國葡萄酒業的一致推崇。在舊世界裡，一般酒莊的規模都不大，講究用傳統的方式來釀造，強調產區的特性與小地理氣候，同時在 AOC 法規的條文下，有嚴密的等級劃分制度，葡萄品種的挑選和採收率的限制，最後還要具有地區風味的特色，都是為了提高品質的保證。這些點點滴滴也都成為遮掩品嚐時的指向方針。

　　然而，近年來由於浪漫主義的演譯，加上市場的需求，新世界各國的消費量增加，讓葡萄酒的世界變得更多元化，新舊世界的葡萄酒開始互相影響，歐盟也調整了政策，舊世界的一些廠商也改用新科技的設備來釀造，以便產品趨於世界化，而新世界產酒國也引入了產地概念來加強產品品質的特色……等。

PART.

釀造葡萄酒

釀造葡萄酒是新鮮的葡萄汁液透過酵母菌的作用，將其中的糖分轉變為一種含有酒精的飲料，稱為「葡萄酒」。

這過程原本是一種原理簡單的自然現象，但是在釀造過程中，因酵母菌作用所合成的，或是原本存在於葡萄中的各種物質（例如芳香、酸、澀、礦物質……等），對於酒的品質和型態有著關鍵性的影響，怎樣呈現出這些特性，就需要依賴釀造的技術了。

釀造酒的化學方程式

（$C_6H_{12}O_6$）
葡萄糖　→ 酵母作用 （$2C_2H_5OH$） （$2CO_2$）
乙醇 ＋ 二氧化碳 ＋ 熱量

葡萄酒是由誰釀造的？

葡萄酒是用葡萄為原料釀製而成的，在釀造之前，這些葡萄的處理流程為何，你是否都知道？一般酒農在自己的土地上種植葡萄來釀酒，這是很正常的現象。但不是每個人都擁有大塊的土地，有時種出來的葡萄不足以釀成美酒，他們只好把這些葡萄出售給別人或是幾個人聯合起來一起釀造。

又有些人極想從事葡萄酒事業，但是他們沒有自己的耕地，於是向別人租用土地，並支付租金來種植葡萄與釀造葡萄酒。另一種情況是源於中世紀的佃農制，由於戰爭、鼠疫的肆虐，許多農民無力購買土地耕作，而具有大量土地的教會與富商們放領他們的田地給這些農民，依合約收取部分的生產物，這種制度一直沿用到今日，仍有部分地區還在使用，佃農們也可請合作社、酒商代為釀製自己的品牌。

我們在酒標上常可以見到幾種標示：

1. 地方合作社（La cave coopérative）：因 20 世紀初發生經濟危機，為了減少投資成本，地方上的酒農組織起來成立合作社，並且收購會員生產的葡萄，再一起釀造，當然也制定了規章需要遵守。把這些收來的葡萄依品種、樹齡、各葡萄園的土質狀況分別釀

造，之後再混合、裝瓶，成為一種固定的品牌來出售，酒標上會註明「Mis en Bouteille à la Propriété」（酒農裝瓶）。目前全法約有 1,100 個這種合作酒廠。

2. 大盤酒商（Le négociant）：顧名思義，酒商就是做葡萄酒買賣的人，這些葡萄酒是由酒廠釀製與裝瓶，再由大盤酒商負責陳年與經銷。

3. le Négociant-Vinificateur：原文之意為釀酒師與經營，即酒商向酒農收購葡萄，然後在自己的酒窖中釀造葡萄酒，並且用自己的商號名稱來出售，因此需要標示於酒標上。布根地產區的葡萄園面積小又分散，常由酒商集中釀造。

4. le Négociant-Éleveur：酒商透過經紀人向酒農收購大量的葡萄酒，然後再進行混酒、裝瓶、陳年、儲存，並打出自己的品牌出售。

5. 獨立酒農（Le vigneron indépendant）：酒農擁有自己的葡萄園，從種植、釀造、裝瓶、出售都由自己處理，也可透過經紀人代為銷售。酒標上會註明「Mis en Bouteille au Château」（城堡裝瓶）或是「Mis Bouteille en Domaine」（酒莊裝瓶）。

釀造紅酒的過程為何？

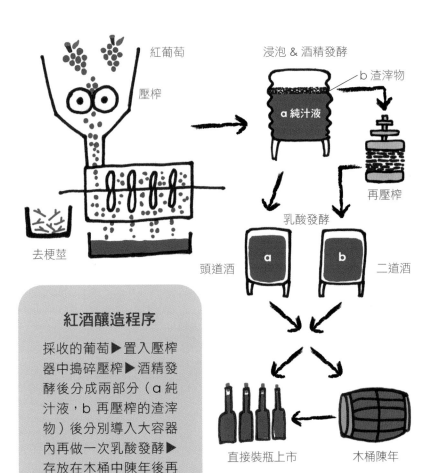

紅葡萄

壓榨

去梗莖

浸泡 & 酒精發酵

b 渣滓物

a 純汁液

再壓榨

乳酸發酵

a

b

頭道酒

二道酒

直接裝瓶上市

木桶陳年

紅酒釀造程序

採收的葡萄▶置入壓榨器中搗碎壓榨▶酒精發酵後分成兩部分（a 純汁液，b 再壓榨的渣滓物）後分別導入大容器內再做一次乳酸發酵▶存放在木桶中陳年後再混酒裝瓶▶或是直接裝瓶上市。

釀造紅葡萄酒是採用紅皮葡萄當作原料，秋收的成熟葡萄摘採後，需立刻送到酒坊做適當的篩選，挑出腐爛或是青澀的部分，再去掉細梗（莖），只保留完整的顆粒，然後搗碎壓榨，連同榨出的汁液一起浸泡在大容器中，為的是要吸取葡萄皮中的紅色素，以及果皮、果肉、梗與渣滓物中的酸、澀和礦物質，必要時也略加少許細梗一起絞壓浸泡（經常在布根地產區，目的是要加強單寧）。浸泡時間的長短也隨著葡萄品種和產地，以及實際需要來做決定，通常是一到三週，這時釀製人就已經決定了酒的未來型態。

▼抵達

▼篩選

▲絞壓

▲桶中發酵

雖然發酵是種自然現象，但在進行過程中也有一些技術上的問題需要留意，諸如：

　　1. 溫度的控制：通常酒精發酵是在常溫 15 ～ 32℃ 之間進行，溫度過低時，酵母的動作會遲緩甚至停止，但是低溫發酵可使更多的果香味保留在酒中。這類酒趁低齡時飲用最適合。高溫發酵的酒，為的是吸取更多的澀味和濃厚的顏色，有利於長期保存，但是溫度過高時會導致酵母菌死亡而停止發酵。在發酵過程中，會產生大量的二氧化碳和熱量，以現代化的設備已較容易控制這些狀況。

　　2. 加糖（chaptalisation）：有的產區在釀造時允許在葡萄汁液中加入適量的糖分，加糖是為了幫助發酵和提高酒精的濃度。

▼酒窖

◀用來控制溫度的電阻器安裝在發酵桶中。

3. 加發酵劑（levure）： 有時也會加點發酵劑，為的是加快發酵速度。

4. 淋澆（pigeage）： 進入酒精發酵的後期或是將近結束時，一些渣滓物會漂浮在大容器的上層，這時需要時常浸壓與淋澆這些固體物質，也是為了要吸取更多的顏色和礦物質。

　　直到發酵完全結束後，大容器內形成兩部分，上層是潮溼的渣滓物，下層則是釀好的純酒，把它導入儲存的器皿內，即是頭道酒（vin de goutte），而留在大容器上層的溼潤渣滓物，約占全部體積的 20%，這時再經歷一次的絞壓手續而擠出的液體，即為二道酒（vin de presse），這種酒的酸澀度高且宜於久存，而頭道酒則是比較醇且酒精度高，通常會把頭道與二道酒依一定的比例混合。

　　一般的佳酒（Grand Vin）只採用頭道酒。釀好的酒還要經過澄清過濾手續，或是用古老的方式於酒中加入打發的蛋白（多用在高品質的紅酒）進行澄清過濾手續，此種方式稱為黏合（collage），之後就可裝瓶上市了。高品質的酒都要存放在橡木桶中（或新或舊）

歷經 6 ~ 24 個月的陳年變化。這段時間由於木桶的吸收與酒精的揮發，會失去部分的酒，這時還要添加同樣的酒來填補木桶內部產生的空間，此稱為充填

▲填充

（ouillage），為的是避免酒和空氣接觸而變質。陳年期間，橡木桶靜放在酒窖中，酒中仍然有極微細的渣滓沉澱物積在木桶的底部，每隔一段時間還要倒換木桶來做過濾工作，此稱為換桶（soutirage），直到酒質清澈後就可裝瓶了。

好酒的祕密

乳酸發酵（fermentation malolactique）

有些產區因葡萄品種的關係，釀出來的酒非常酸澀，因此酒農還需要再做一次發酵手續，方法就是把酒桶放於溫室中加熱，利用存在酒中的天然乳酸菌（les bactéries lactiques）將原本並不可口又有刺激酸味的蘋果酸（acide malique），轉變成為穩定可口的乳酸（acide lactique）。經過乳酸發酵後的紅酒沒那麼酸澀，白酒則變得更清鮮活潑。

釀造干白酒的過程為何？

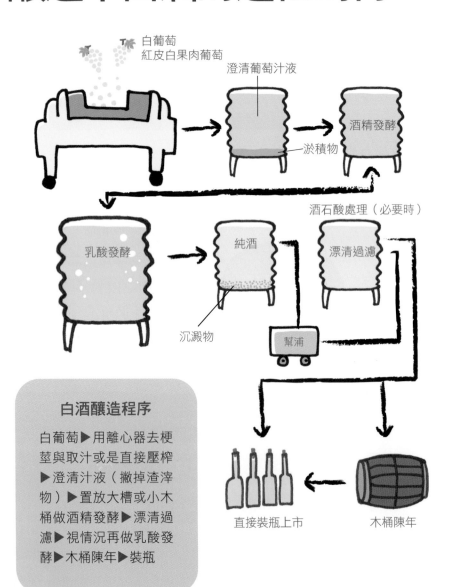

白葡萄
紅皮白果肉葡萄

澄清葡萄汁液

酒精發酵

淤積物

酒石酸處理（必要時）

乳酸發酵

純酒

漂清過濾

沉澱物

幫浦

白酒釀造程序

白葡萄▶用離心器去梗
莖與取汁或是直接壓榨
▶澄清汁液（撇掉渣滓
物）▶置放大槽或小木
桶做酒精發酵▶漂清過
濾▶視情況再做乳酸發
酵▶木桶陳年▶裝瓶

直接裝瓶上市

木桶陳年

釀造干性白葡萄酒是採用白葡萄或是紅皮白果肉的葡萄為原料，採收後要立刻送到酒坊，利用壓榨器或新式的汁液分離器壓榨取汁。在操作過程中，盡量避免葡萄籽破裂，以免籽中的苦澀味滲入果汁中。此時的果汁非常敏感，容易氧化，通常會加入少量的二氧化硫（SO_2）來保護果汁而不至於腐壞。接著是澄清果汁，除去在壓榨過程中不慎遺留的殘渣，避免果皮中的色素與苦澀味留在果汁中。釀造白酒時，只要做葡萄汁液的酒精發酵即可，不必再和固體渣滓物一起來浸泡，這就是它與釀造紅酒的不同之處。

把澄清過後的果汁導入巨大的容器內做酒精發酵，這時會產生大量的熱量，如用現代化的設備，很容易控制其溫度。釀造白酒是採用低溫發酵，為的是攝取更多的果香味。發酵完畢後，經過分析，每公升的酒中含低於 2 公克的糖分，就是普通的干酒（sec），再經過漂清手續，就可以裝瓶上市了。為了穩定酒性，高品質的白酒還要經過一次乳酸發酵，必要時還需再做一次酒石酸處理。之後置放於瓶中或橡木桶中做陳年變化，時間是依酒質而定，一方面可增加風味，另一方面則有利於保存。

釀造玫瑰紅酒的過程為何？

釀造玫瑰紅酒是使用紅皮葡萄為原料，有下列幾種方式可以獲得：

1. 使用紅皮白果肉的葡萄來釀造，在壓榨過程中，汁液會和葡萄皮接觸，所以多少都會有一點果皮的顏色溶入果汁中，然後再做酒精發酵，釀造方式和釀造白酒一樣，所獲得清淡顏色的玫瑰紅稱為「Vin gris」。

2. 為了要取得更美好的顏色，把壓榨的紅皮葡萄和它的汁液一起浸泡一段時間 ，直到變成滿意的顏色後，再把兩者分開做酒精發酵，即成玫瑰紅酒。

3. 用粉紅皮的葡萄，經過壓榨浸泡後，採用與釀造紅酒相同的手法，也可以產生玫瑰紅酒。這只有在侏羅地區才可以見到，用普莎（Poulsard）葡萄釀造出來的玫瑰紅酒，產量雖然不大卻很出名。

在法國，除了香檳區外，是禁止用白酒和紅酒混合的方式來獲得玫瑰紅酒，它必須要用自然的方法來釀造。

還有哪些特別的釀造方式？

同樣的葡萄用不同的方式來釀造，則可獲得各種型態的酒，除了上述的干性紅、白、玫瑰紅酒外，還有一些特別具有風味的葡萄酒。

A. 白甜酒的釀造方法

釀造白甜酒的方法和釀造普通干白酒沒什麼差異，只是採用含糖量較多的葡萄而已。釀造時沒有轉變成酒精度的糖分仍然留在酒中，一般干白酒的含糖量只有 2 公克／公升，而甜酒中遠超過此含量，因此喝起來甜口。有兩種不同的方法可獲得高糖分的葡萄來釀造：

1. 依靠天然的環境，葡萄可以達到過熟或是出現貴腐現象（pourriture noble）。

（1）甜酒（vin doux、vin moelleux）

有些地方因為地理環境特殊，種植的葡萄可以延遲到秋末冬初，等葡萄過熟時才採收，而且葡萄顆粒的健康狀態仍然良好，這時葡萄中的水分已減少，相對其中的糖分濃度就會提高，釀出的酒也特別甜口，稱之為甜酒（vin doux 或 vin moelleux），常出現於羅亞爾河谷中、下游地方，西南產區。在阿爾薩斯產區，這種酒則稱為晚採收的葡萄甜酒（Vendange Tardive）。

（2）顆粒挑選葡萄甜酒
（Sélection de Grains Nobles，SGN）

　　這些成熟的葡萄如果在溼潤的空氣中遇上白黴菌（又稱葡萄孢，botrytis cinérea）的侵襲，就會改變它們的生態，當白黴菌落在葡萄顆粒的外表皮上，細長的菌絲穿過表皮吸取內部的水分，濃縮了果汁，糖分提高，表皮變成褐色乾皺狀，並散發出大量的焦烤味，這就是「貴腐」現象。

　　如果天氣太過潮溼，白黴菌造成灰黴病，葡萄就會全部腐爛掉，因此同時間還需要有充裕的日照和風力來保持各葡萄串間的乾燥度，且風力的散播又可達成白黴菌感染的一致性。因為白黴菌掉落在顆粒上的多寡和侵蝕速度並不一致，在採收時要非常有耐心地一小撮一小撮摘取已被完美侵蝕過的葡萄粒，所以採收量並不是很大，接著再把這些葡萄送到酒坊去壓榨與發酵釀成甜酒，稱為「顆粒挑選葡萄甜酒」。

　　所以白黴菌、日照、風力這三種因素是構成「貴腐」的條件。在發酵的過程中，達到約酒精 15 度時，酵母菌就會停止活動，多餘的糖分無法轉變成酒精度而留存在酒中，喝起來有強烈的甜口感和非常重的果香味，像是乾果、蜂蜜、桃子、杏子、焦烤等味道。波爾多的索甸區（Sauternes）、羅亞爾河谷的萊陽區（Coteaux du Layon）、阿爾薩斯西南產區，都是貴腐甜酒的出產地。

（3）冰酒（Vin de Glace）

　　在一些特殊的天氣狀況下，葡萄保留在樹上一段很長的時間且沒有腐爛，一直到下雪結冰天才去採收，這時葡萄內部的水分已濃縮結冰，相對的含糖量也提高，釀出來的酒即是「冰酒」，不過產量非常稀少，在法國並不是每年都有收穫。

▶酒農站在葡萄樹下，一小撮一小撮的摘取已被完美侵蝕過的葡萄粒。

089

2. 採用人工方式乾燥釀酒的葡萄

麥稈酒（Vin de Paille）

　　有的產區諸如阿爾卑斯山麓的侏羅區、隆河谷的艾米達吉（Hermitage），因為地形的關係風力特別強，在秋收之後，酒農們把採收的葡萄一串串地懸掛在空氣流通的屋簷下，或置放在乾燥稻草（麥稈）編成的篩子上，利用天然風力、人工加熱方式任其風乾，葡萄中的水分揮發到最大極限且沒有腐爛，汁液會變得濃縮，內部的糖分也提高了，之後再照釀造白酒的方式釀製成一種呈琥珀色的甜口白酒，即為麥稈酒。因這些工作都在耶誕節前完成，也稱為「耶誕酒」（Vin de Noël）。

▲葡萄置放在乾燥稻草（麥稈）編成的篩子上。

　　100 公斤的葡萄只能榨出 15 ～ 18 公升的汁液，發酵後的酒精度高達 14.5 ～ 17 度，口感甜潤，和索甸酒相似，但是散發出不同的香味。釀造完畢，導入小木桶中陳年 3 ～ 4 年的時間，然後裝入 0.375 公升的小瓶內出售，可保持 50 年之久。

　　麥稈酒沒有添加任何的人工糖分和烈酒，會散發出一種自然的葡萄香甜味，時間久了轉變成焦烤香味。飲用時的酒溫介於 4 ～

7°C，通常搭配甜點，有時也可配點鵝肝醬。

　　麥稈酒是一種非常稀有的產品，栽種葡萄的成熟度不夠、酸味太多，若葡萄過熟則壓榨的汁液量少，在風乾過程中每串葡萄的健康變化異常，都是造成葡萄汁液來源不足的原因，加上釀造費工費時，以致成本提高，產品稀少，既使在侏羅地區也不太容易找到。

　　以上這些超甜型白酒都是在釀造中自然停止發酵，而剩有部分的糖分，習慣上稱為「Vin Liquoreux」。白甜酒若使用化學方法而獲得甘味，則不可歸入 AOC 等級內。

B. 強化甜酒的釀造方法

　　普通的干白酒每公升含低於 2 公克的糖分，而甜酒、半甜酒中的糖分都高於此分量，因此在口感上有微甜或甜味的感覺。釀造時，葡萄汁液中每 17 公克的糖分會產生 1 度酒精，如果每公升的葡萄汁液中含有 340 公克的糖分，應產生 20 度酒精，但是酵母菌約在酒精 15 度時，就會死亡而停止活動，此時還有 85 公克的糖分沒有轉變成酒精而留在酒中，因此喝起來會帶有甜味。但在非常稀有的情況下，葡萄才會留有如此豐富的糖分，想要獲得甜口的酒，必須設法在釀造過程中停止發酵，保留部分糖分，方法就是在葡萄汁液中加些烈酒，讓酵母菌死亡，停止發酵作用，這種方法稱為「中途抑止法」（mutage）。

　　葡萄利口酒（Vin de Liqueur）和天然甜酒（Vin doux Naturel），就是利用這種技術釀造而成，兩種酒中都保存了大量的糖分而甜口。

091

C. 碳酸浸漬法的釀造方法

採用碳酸浸漬法（La macération carbonique）的方式來釀造，是為了要讓酒中保留更多的果香味和大量清鮮度。葡萄採收後要保持顆粒的完整，置放在有二氧化碳（CO_2）封閉的大桶中 3～15 天，讓顆粒的內部發酵，之後再壓榨取汁，完成酒精與乳酸發酵。特別是在薄酒萊地區多採用此法釀造，其他的地區如隆河谷的教皇新堡區、西南部的加雅克（Gaillac）區，也有部分的酒農採用此種方法釀造。

D. 氣泡酒的釀造方法（Vinification du vin d'effervescent）

氣泡酒的特徵是開瓶時有大量的二氧化碳（CO_2）氣體湧出，而這些氣體是釀造時刻意製造而產生的，它們的產品幾乎都是白酒和少數的粉紅酒，而紅酒非常有限。

1. 香檳法釀造（méthode Champenoise）

在白酒（粉紅酒）添加蔗糖和酵母菌後，第二次瓶中發酵產生的氣泡溶解在酒中，當開瓶時由於壓力的變化，氣泡再度散發出來。此種方法是在 17 世紀出自於香檳區。現在一些出產氣泡酒的產區，也都採用這種方法釀造。

香檳酒的釀造流程如下：

（1）採收

　　將秋收的葡萄立刻送到酒坊壓榨，每 4,000 公斤的葡萄只准壓榨出 2,550 公升的釀酒汁液。將葡萄分成兩階段進行壓榨，第一次榨出的 2,050 公升稱為 La Cuvée，再次壓榨出的 500 公升汁液稱為 La Taille。如果再繼續壓榨所獲得的汁液，其所釀成的酒不符合 AOC 級香檳的規定，只能算氣泡級的酒。之後將 La Cuvée 和 La Taille 分別導入大容器中，進行為期 10 ～ 20 天的酒精發酵，釀成 12 ～ 12.5%vol 的干白酒之後再儲存起來。為了防止氧化，添加少量的二氧化硫（SO_2）來抗腐是被允許的。必要時，再做一次「乳酸發酵」。

（2）混酒

　　採用 3 種不同的葡萄，它們出自於不同的土地、年份，釀出來的酒風味也不一樣。一些大廠牌和酒商向區內的上千酒農們收購葡萄來釀造，並依照顧客的喜愛和市場的利益，調配出一種定型的「招牌酒」定時上市，保持一定的水準是非常重要的。這種調配工作是種高度的科技和藝術的結晶，各家獨特的風格也視為名廠牌的祕方。

　　每年秋收後，先把來自各地不同品種的葡萄「分別」釀成干性白酒儲存起來，作為日後混合調配的「基酒」（cuvée）。混酒沒有年份上的限制，惟需斟酌使用基酒的分量，除了加入過去特選的基酒外，還要保留部分好的新產品以備來年使用，有些高品質的香檳常混合幾十種不同的基酒來顯其風味，這也是品酒師發揮天分和專

093

業的時候。一般香檳酒是沒有年份的，如果採用同一年份出產的葡萄釀造，表示那年的收成特別好，可以在酒標上註明年份。

（3）第二次發酵

　　每年初春就可把調好的香檳裝瓶了，同時要添加一種甘蔗糖漿和酵母組合成的發酵劑（liqueur de tirage），然後用一般的鐵蓋封瓶，置放在清涼安靜的地窖中做適當的瓶中培養。添加發酵劑主要是激起發酵作用，瓶中發酵對香檳酒是非常重要的，如果發酵劑分量不足，無法產生相當的壓力和氣泡，難以達到香檳酒的規格，這種有氣泡的酒只能稱為氣泡酒（Crémant）。

▶ 專業人員以熟練的手法
　　把酒瓶輕微地搖晃。

經過了 6 ～ 8 週的時間，瓶中發酵完成，會產生大量的二氧化碳（CO_2）氣體融入酒中，死亡的酵母菌則變成一種白色的沉澱物留在瓶內。要排除這種沉澱物，有種特殊的「香檳方式」，即是把酒瓶倒插在一種特製的斜面木架上（稱為 pupitre），定期由專業人員（remueur）以熟練的手法把酒瓶輕微地搖晃，同時將倒立的酒瓶漸漸地向上推動，每次旋轉 1/4 圈，持續 6 ～ 12 週，直到瓶子幾乎成倒立狀，所有的沉澱物都積在瓶頸下端後，搖晃的動作才能停止。這是一種需要技巧及耐心的工作，從 1800 年起就已經存在了，熟練的工作人員一天要轉 5 萬瓶。1980 年開始，許多廠商已改用機器搖晃，但一些名牌大廠仍使用傳統的手搖方式。這時再把倒立的瓶頸，局部急速冷凍，內部的沉澱物便形成一粒白色的小冰球，當打開鐵蓋時，因壓力變化，小冰球會立刻彈出，同時換上軟木塞再用細鐵絲箍緊。

　　在換軟木塞之前，再依香檳的性質和口味的需要，加入不定量的糖漿，這是一種稱為 liqueur d'expédition 的「調味劑」；添加糖漿的多寡，也決定了香檳的類型，它們可分為極干（Brut）、干性（sec）、半干性（demi-sec）、微甜（doux）……等，都會註明在酒標上，每瓶的含糖量介於 3 ～ 55 公克／公升。如果加入少許香檳區出產的紅葡萄酒，溶成美麗的顏色後就是「玫瑰紅香檳」，這也是在法國唯一可以用紅、白葡萄酒摻合變成玫瑰紅的地區，而其他產區的玫瑰紅酒必須用傳統的浸泡方式來釀造。在香檳區也有廠商採用這種傳統的浸泡方式來釀造「玫瑰紅香檳」，兩種不同方式釀成的香檳口感完全不同。

第二次瓶中發酵時會產生極大的壓力，香檳酒的規格是 6 個大氣壓（BAR），為了安全起見，酒瓶都使用極厚的玻璃瓶，深綠色玻璃則是為了避免光線刺激。但玫瑰紅香檳為了顯示出美好的顏色則使用透明玻璃瓶。

香檳酒在釀造過程中就已經定型了，裝瓶後可以馬上飲用，存放或瓶中陳年都不會帶來更多的風味變化，這是和其他葡萄酒不同之處。新裝瓶的香檳酒，瓶塞都呈「裙狀」，置放久了，瓶塞會漸漸萎縮而成為直桶狀，通常稱為「紅蘿蔔」（carotte），容易漏氣而使酒質受到影響。

▼進行第二次瓶中發酵的巨無霸靜靜地躺在酒窖中。

一般不採用酒中灌入二氧化碳的方法，否則標籤上需註明二氧化碳氣泡酒（Vin mousseux gazéifie）。在法國，AOC 級的酒是禁止使用這種方法釀造的。

2. 傳統鄉村法釀造（méthode Rurale）

這是一種非常古老的方法，在「香檳法」還沒發明前，這個方法就在民間使用了。在釀造的過程中不添加任何的糖分和酵母菌，而是趁葡萄汁液中的糖分還沒有完全發酵之前就裝瓶，如此它們就會在瓶中繼續完成發酵，其產生的二氧化碳密封在瓶內，當開瓶時就會有氣泡跑出。現在除了少數地區還採用外，已經面臨被淘汰的邊緣。

E. 黃酒（Vin Jaune）的釀造方法

黃酒是侏羅區最具代表性的產品，使用全世界幾乎只有在侏羅地區才能生長的一種莎瓦涅（Savagnin）葡萄來釀製，葡萄多半在秋收期第一次下霜後才摘取，是為了要讓葡萄獲得更濃縮的糖分。汁液發酵完成之後，存放在 228 公升的橡木桶中，

▶ 酵母菌浮在酒的表面形成一層薄膜，分隔了酒和空氣層。

▲矮胖型瓶子的黃酒。

至少要 6 年 3 個月的時間。在這段漫長的歲月中，由於木桶的吸收與酒精的揮發，酒量會減少而產生了一個空間，這時並不像其他產區一樣添加同樣的酒來填補空間以防止氧化。這是因為發酵後桶內的死亡酵母菌會浮在酒的表面，形成一層薄膜（voile de micro-organismes），分隔了酒和空氣層，而起了保護作用，使酒不易氧化，能保存很久的時間，還會帶有一種特殊的核桃味，這就是出名的葡萄黃酒（Vin Jaune）。因長期存放會讓酒農損失甚多，因此這種酒特別被允許裝在一種容積只有 0.62 公升的矮胖型瓶子中出售，它們稱為克拉芙蘭瓶（clavelin）。

黃酒是種非常特別的酒，散發明顯的核桃、榛子味，細緻高雅，適合搭配所有的菜餚，從開胃酒一直到正餐，或者飲用時搭配一小碟乾果、乳酪，以本地出產的 Comté 乳酪最為宜。飲用前數小時開瓶醒酒與室同溫，甚至可在前一天置入酒壺中。好的黃酒可存放 50 ～ 100 年之久。

如何區別 VDL & VDN ？

兩種類型的酒都是用「中途抑止法」（Mutage）釀製，也就是在葡萄汁液發酵之前或是發酵途中加入了烈酒，因時間點不一樣，所獲得酒的風味也不一樣。酒精發酵時，每 17 公克的糖分能產生 1 度酒精，酵母在酒精 15 度時就會死亡而不能活動。把烈酒加入葡萄汁液中其目的就是要停止酵母繼續發酵下去，此時在酒中沒有發酵的糖分被保留下來，因此甜口。

VDL
16~22%
vol

VDN

15%vol

A. 釀造天然甜酒（VDN）

在釀製過程中加入了本地出產的烈酒（占 10 ～ 15% 的體積），所採用的葡萄必須要有 252 公克／公升以上的含糖量，釀成後的酒精度通常是 15%vol。

大部分的 VDN 都出產在地中海沿岸的蘭格多克、乎西雍地區。

1. 蜜思嘉—呂內爾（Muscat de Lunel）。
2. 蜜思嘉—米黑瓦（Muscat de Mireval）。
3. 蜜思嘉—風替紐（Muscat de Frontignan）。
4. 蜜思嘉—聖尚密內瓦（Muscat de St. Jean de Minervois）。
5. 蜜思嘉—麗維薩特（Muscat de Rivesaltes）。
6. 麗維薩特（Rivesaltes）（紅、白）。
7. 莫利（Maury）（紅）。
8. 班努斯和特級班努斯（Banyul & Babyuls Grand Cru）
   （紅、白、玫瑰紅）。
9. 大乎西雍（Grand Roussillon）。

VDN 在南隆河谷也有少量的出產。

1. 蜜思嘉—彭姆—威尼斯
   （Muscat de Beaumes de Venise）。
2. 哈斯多（Rasteau）（紅）。

如果用黑格那希葡萄釀造的紅酒，則可以存放一些時間，例如：

巴紐（Banyuls）、莫利（Maury）、麗維薩特（Rivesaltes）等。白酒是採用蜜斯卡葡萄釀造的，裝瓶之後要盡快地飲用，不宜久存。

B. 葡萄利口酒（VDL）

葡萄利口酒（VDL），又稱為強化甜酒，在葡萄的汁液還沒有發酵之前或是剛開始發酵時加入了烈酒，依葡萄的自然味道來選擇其方式，由於汁液沒有發酵，其中的糖分就可以保留下來，但汁液中至少要有 170 公克／公升的含糖量，最多添加 20% 的烈酒，之後酒精度介於 16 ～ 22 度之間。裝瓶之前還要放到木桶中陳年，到次年的 10 月 1 日才能上市。這種類型的酒多出在幾個烈酒產區。

例如，皮諾甜酒（Le Pineau des Charentes）是產於夏恆特地區，在葡萄汁液中添加了當地出產的干邑（Cognac）而獲得的利口酒，添加了不同等級與酒齡的干邑，酒的風味就完全不同。其他地區，例如，哈塔菲雅甜酒（Le Ratafia）是產於香檳區或布根地區；福樂克甜酒（Le Floc de Gascogne）是產於雅馬邑區；卡達介納甜酒（Le Cartageng）是產於蘭格多克和乎西雍區；侏羅區利口酒（Macvin de Jura）是產於侏羅；諾曼地利口酒（Pommeau de Normandie）是產於諾曼地的蘋果酒。

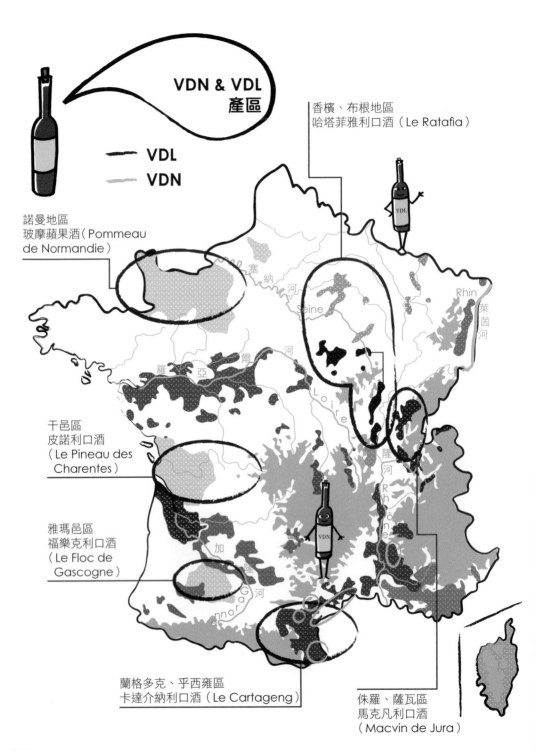

VDN & VDL
產區

—— VDL
—— VDN

香檳、布根地區
哈塔菲雅利口酒（Le Ratafia）

諾曼地區
玻摩蘋果酒（Pommeau
de Normandie）

干邑區
皮諾利口酒
（Le Pineau des
Charentes）

雅瑪邑區
福樂克利口酒
（Le Floc de
Gascogne）

蘭格多克、乎西雍區
卡達介納利口酒（Le Cartageng）

侏羅、薩瓦區
馬克凡利口酒
（Macvin de Jura）

何謂甜酒？

親 朋好友歡聚一堂，舉杯相敬時，常聽到有人說：「我喜歡甜一點的酒。」甜到什麼程度才能表示發言者的心聲？在葡萄酒領域中，「甜」分得非常清楚，我們經常可在雜誌或酒標上看到兩個熟悉的法文字「moelleux」與「liquoreux」，這兩個法文字表示酒中含糖量的程度。

1. 甜酒（moelleux）

依照天氣的自然狀況讓葡萄過熟，釀造時沒有轉變成酒精的多餘糖分保留在酒中，其含糖量每公升中不得超過 45 公克，這時的酒精度約 12%vol，為了穩定酒性，加點亞硫酸鹽是被允許的，目的是阻止酵母繼續活動，避免再次在瓶中繼續發酵。但在阿爾薩斯地區的氣候環境中，酒農採用過熟的葡萄釀出的甜酒稱為晚採收的葡萄甜酒（vendangs tardives），它的酒精度更高、含糖量更多。在羅亞爾河谷區、西南產區也出產這種類型的酒，則被稱為甜酒（vin moelleux 或是 vin doux）。

▼過熟的白葡萄

103

2.liquoreux

liquoreux 為超甜型白酒，釀造的葡萄汁液一定要濃縮，它們可從貴腐、顆粒挑選、日曬、風吹、冰凍過的葡萄中榨取汁液。所謂的貴腐就是過熟的葡萄遇上了白黴菌（botrytis cinerea），細長的菌絲穿過葡萄的表皮，不斷地吸取內部的水分而濃縮了葡萄汁液，白黴菌不是在任何情況下都會存在的，晨間的霧水、午間的陽光、及時的風力是三個必要的條件。此外，並不是所有的顆粒都會同時達到過熟的地步，採收時逐次挑選已成熟的顆粒，釀成的 Gewurztraminer、Pinot Gris 酒為酒精 16.4 度、糖分 279 公克／公升，而 Muscat、Riesling 酒則為酒精 15.1 度、糖分 256 公克／公升。顆粒挑選和晚採收的葡萄一樣，都是阿爾薩斯產區特有的名稱，釀造時不准添加白糖輔助發酵。

在阿爾卑斯山、隆河谷的特殊地形，加上強勁的山風，採收的葡萄放在竹篩上或棚架下，經過一些時間後很容易收乾葡萄的水分，糖分就濃縮了。換在天氣寒冷的地方，例如，阿爾薩斯、德國、奧地利、加拿大等地，葡萄成熟得慢，酒農們延遲到秋末冬初才去摘採，葡萄的水分因凍結成冰而濃縮了糖分。用這些方式獲得濃縮汁液而釀成的超甜型白酒稱為 vin liquoreux。

用這種自然濃縮過的葡萄汁液來釀造時，因發酵時間長，速度也慢，有的產區在釀造時添加糖分來增強酒精度是被允許的，但是會導致口感上的不平衡。

天然甜酒（VDN）和葡萄利口酒（VDL），這兩種
酒都是甜口的，但是它和上述超甜型白酒（liquoreux）
的釀製方法不一樣，風味完全不一樣。

▼貴腐葡萄顆粒的變化過程

如何釀製干邑酒（Cognac）？

釀造干邑酒主要是採用白于尼葡萄為原料，這種原產於義大利的葡萄，性喜生長在天氣較熱的地方，釀成的酒酸度低，但是種植到夏恆特地區則酸度變高，如果採收率再提高，則酒精度降低，香味極多，酒也細緻，極有利於釀成再蒸餾的白酒，目前占了全產區生產量的 98%。

釀製與儲存

1. 釀製

每年先把成熟的葡萄釀造成普通白酒。為了保證品質，必須遵守所有的規章，諸如酸度的要求、所含的酒精度、不可有添加物等，釀成的白酒要和死亡酵母、渣滓物一起浸泡，以便吸取更多的芳香質。釀成後的白酒，酒精度大約是 9 度，酸度要高。11 月就可以開始蒸餾，必須在隔年的 3 月 31 日前完成，這樣就有足夠的時間來培養白酒的品質。

2. 蒸餾

採用夏恆特地區傳統的蒸餾器，是一種紅銅製成的鍋爐，稱為 Alambic。它的耐蝕性強、容易導熱、又有韌性。白酒要經過兩次

連續蒸餾，第一次加熱是為了濃縮，蒸餾過程是非常緩慢的，通常要 8 ～ 10 小時，獲得的熱酒稱為 Brouillis，所含酒精度在 27 ～ 32 度之間。接著再做第二階段的蒸餾（稱為 la Bonne Chauffe），只取其中間的部分（稱為 Coeur）就成為日後的干邑酒（Cognac），其似山泉般的清澈與芳香，酒精度大約是 70 度。

▼干邑區蒸餾塔的解剖圖。

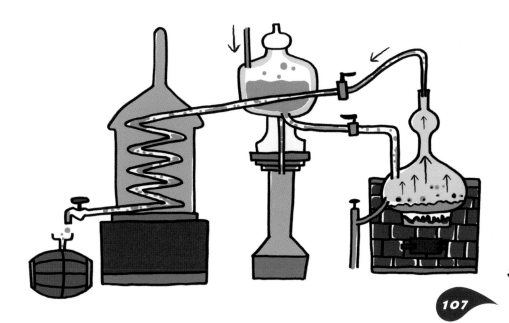

3. 儲存

　　剛蒸出的生命之水經過木桶陳年後才能稱為干邑酒。酒存放在 228 ～ 450 公升的橡木桶中做陳年變化，木桶多採用黎慕桑（Limousin）或是通穗（Tronçais）兩處森林的木材。當微量的空氣從極細的木材纖維中滲入，與密封在桶中的烈酒產生氧化作用，加上和桶壁長期的接觸，吸取了木質中的香澀味、色素、酚類等物質，又融合了製造木桶時因烘焙而產生的燻烤與糖漿味，使得原本強勁、辛辣、酸澀的烈酒轉變為香醇可口，同時酒精度也會漸減。這段期間由於木桶壁的吸收和酒精的揮發，在陳年初期，桶中的干邑酒都會減少散失，據統計每個木桶中的酒每年都會損失約 3% 的體積，失去的部分在地方上稱為「天使的部分」或是「天使的配額」（La part des Anges），在干邑地區的空氣中常常瀰漫著酒香氣味。

　　木桶陳年的期限，是由廠方和專家們依照白酒的本質以及釀造、儲存過程中的實際變化，來決定保存的時限。為了維持品質的穩定性和每次出品都要有相同的水準，各廠（牌）都依實際狀況的需要，來調配混合不同年份、不同葡萄園出產的基酒，以達到最和諧的效果，這種混酒稱為「Coupe」，有時可能混合多達十幾種不同的基酒。剛蒸餾出的烈酒（生命之水），其酒精度大約是 70 度，如果要達到 40 度左右上市，需要等半個世紀的自然變化，此時體積也會減少一半。為了節省時間和經濟效益，一般都會階段性地加入蒸餾水稀釋，加入少量的糖漿也是被允許的，一方面是為了顏色，二方面是為了口感。干邑酒不像葡萄酒那樣具有收成的年份，因它混合了不同的基酒。酒質在裝瓶之後已經定型，並不會因為時間的增長而

改善它們的品質。一般的干邑酒都保存在橡木桶中，然後置放於酒窖中，一些超過 50 年酒齡的老干邑酒則特別裝入一種像瓦斯桶一樣的玻璃罈中置放，視為天堂級酒（Le Paradis）。

酒齡

VS（3 顆星）	是酒齡最低的一種，必須在木桶中儲放 2 年半的時間。
VO、VSOP、RESERVE	必須在木桶中存放 4 年半的時間。
Extra、XO、Napoléon、Grande Réserve、Royal	陳年過程至少需要 5 年以上的時間。

級別

1909 年官方的劃分,干邑產區根據土地的含鈣成分和一些小地理氣候的特性,可分為 6 個不同的產區,就像箭靶一樣圍繞著干邑市。

1. 大香檳區干邑(Grande Champagne):位於干邑市的東南邊,土質中含鈣量極為豐富,就像香檳地區的白堊土一樣。釀成的白酒再經蒸餾、木桶陳年,酒細膩、芳香,陳年之後口感更佳。

2. 小香檳區干邑(Petite Champagne):位於大香檳區的周邊,酒的特性極接近大香檳區的酒,但是醇度方面比較弱。

3. 邊林區干邑(Borderies):位於干邑市的西北邊,出產的酒芳香、口感好,極具有特性,但是由於土質關係,比前兩種酒容易老化。

4. 優質林區干邑(Fins Bois):位於前三產區的四周,出產的酒沒有前三者細緻,酒更容易老化。

5. 佳質林區干邑(Bon Bois):位於前四產區的四周,酒質香味淡、酒精味重。

6. 普通林區干邑(Bois Ordinaires):產區已瀕臨海邊了,受到海洋氣候影響更大,酒中碘味、鹹土味重。

如果混合了大小香檳區的酒(至少要 50% 以上大香檳區的酒),稱為優質干邑(Fine Champagne),它們沒有固定的葡萄園。

干邑產區

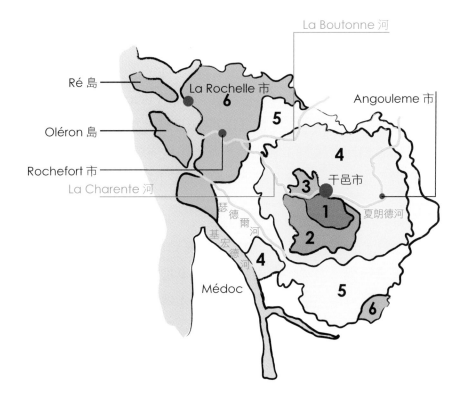

La Boutonne 河

Ré 島

La Rochelle 市

6

5

Angouleme 市

Oléron 島

4

Rochefort 市

3

干邑市

La Charente 河

1

瑟德爾河

夏朗德河

基宏德河

2

4

Médoc

5

6

1. 大香檳區干邑（Grande Champagne）
2. 小香檳區干邑（Petite Champagne）
3. 邊林區干邑（Borderies）

4. 優質林區干邑（Fins Bois）
5. 佳質林區干邑（Bon Bois）
6. 普通林區干邑（Bois Ordinaires）

如何釀製雅馬邑酒
（Armagnac）？

雅馬邑也是經由白酒蒸餾與木桶陳年等程序，所釀造而成的一種烈酒。用來釀製的葡萄一共有 12 種，這些葡萄必須出自於雅馬邑地區，最常用的是白于尼葡萄、巴購（Baco 22A）葡萄。當年的採收物要在翌年的 3 月 31 日前完成蒸餾，為了確保品質的天然性，任何添加物是絕對被禁止的。雅馬邑地方的蒸餾鍋爐（直接蒸餾）和干邑地方使用的鍋爐（二次蒸餾）是不同的。

釀好的白酒由蒸餾器的右上方注入，通過有烈酒蒸汽穿過的蛇型管而變熱，再導入分餾塔的頂部，而後下降到鍋爐底部的酒槽中。當白酒煮沸後變成蒸氣，藉由壓力把蒸氣推擠到蛛網閘的內部，不停地攀升到了分餾塔的頂端，再壓擠進入導管中，當酒蒸氣遇到外界的冷空氣，則凝為液體，通過了蛇型管再降溫，流到底部後導入木桶中儲存。供應爐灶的能源是靠燃燒的木材或瓦斯，不使用油性燃料是為了避免氣味滲出。剛蒸餾好的烈酒由蒸餾器流出時，是一種清澈、半透明、粗獷且十分芳香的液體，酒精度約在 52～72 度之間，它需要置放在橡木桶中陳年培養，使酒質變得柔和。一切釀造程序完整，之後所得的烈酒才能稱為雅馬邑（Armagnac），這時

它的顏色也因儲存期間和桶壁的接觸，而變成桃花木色。蒸餾出來的液體（烈酒）如果酒精度高、細緻、口感輕、陳年變化快，則可做年輕的雅馬邑，如果酒精度低、口感強勁且複雜、結構好，可以承受得住木桶的存放，則做長年的儲存。

▼雅馬邑地方的蒸餾鍋爐。

白酒

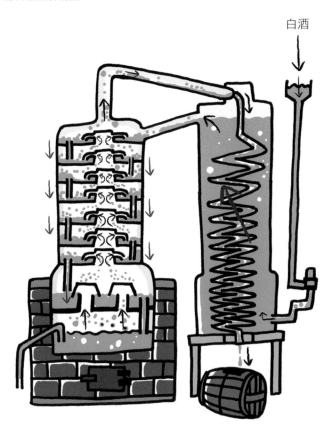

製造儲存雅馬邑的橡木桶是採用黎慕桑（Limousin）或是卡斯貢納（Gascogne）兩處森林的木材，容積 400 公升。置放的酒窖要陰涼，在陳年期間，品酒師要經常查看它的變化。剛開始時存放在全新的木桶中，直到酒能承受木質的最大極限，就要更換存放在較舊的木桶中，否則過多的木材味會壓住酒的香醇味，而失去了酒的本性，另一方面也會拖延變化的時間。在規定的儲存時間內，酒和桶壁的長期接觸，使得木材中的各種物質融入酒中，變成一股紫羅蘭的芳香，還有梅子、香草、胡椒味逐漸加重，品質越好、酒齡越老的酒，梅子味越重，酒精度因揮發而漸減，這種揮發物變成一種細緻的芳香氣味，飄浮在酒窖的空中。

　　當陳年變化的時間夠了，酒廠就要開始混酒，也就是採用幾種不同土質、不同年份的基酒來調配，為的是使口感和諧，品質更穩定，還具有獨特的性格，以打出自己的廠牌字號，操作方法也都是商業上的祕方。調配好的雅馬邑就可裝瓶上市了。高品質的好酒，還可繼續儲存於木桶中，等待質地在未來慢慢變得更穩定。裝瓶後的酒則不會因為時間的增加而改變它們的品質。

　　如同干邑地區一樣，雅馬邑地區的傳統酒瓶也是一種圓筒直立波爾多型式，為了增加美觀和商業上的促銷效果，廠商也常使用各種不同型式、不同質材的花巧瓶子。雅馬邑酒都是直立存放在陰涼的酒窖中，溫度以 12℃ 最為理想，依照規定，上市時要有 40 度的酒精度，通常都會加入蒸餾水稀釋。雅馬邑酒可以有「年份」，因它是同年的採收物所釀成的酒，老的雅馬邑酒通常是有年份的。依照

▶傳統的雅馬邑酒瓶。

規定，它們至少要經過 10 年的木桶陳年，不過酒
農們常會儲存到 20 ～ 30 年的時間才拿出來裝瓶
上市，這時的酒精度通常在 40 ～ 48 度之間，而
且酒精度都是自然下降的。

　　雅馬邑也像一般的葡萄酒一樣，將年份標示
於酒標上，但是對於沒有年份的雅馬邑也會明示
木桶的陳年期限，以告知消費者。

雅馬邑酒的酒齡

3 顆星	所有雅馬邑地區的烈酒，必須要有 2 年的木桶陳年。
VO、VSOP、Réserve	經過 4 年以上木桶陳年。
Extra、Napoléon、XO、Vieille Réserve	經過 5 年以上的木桶陳年。
Millésime（年份雅馬邑）Hors d'âge	至少 10 年的木桶陳年。1994 年規定，Hors d'âge 級要 10 年以上的木桶陳年。

註：有年份的雅馬邑（Millésime）是本區特有產品，也就是採用同一年份的收成釀出
　　的白酒再來蒸餾，並沒有混合其他年份的白酒，蒸好的烈酒至少要經過 10 年以上
　　的木桶陳年才能裝瓶上市，年份是指葡萄收成的那年，而非裝瓶的年份。

如何釀製蘋果白蘭地
（Le Calvados）?

蘋果白蘭地（Le Calvados）是法國三大有色烈酒之一，釀造時，需先將蘋果釀成蘋果酒（Cidre），再經由蒸餾與木桶陳年等程序而獲得的一種烈酒。它的原產地是法國西北邊的諾曼第（Normandie）。1553 年，「Sydre」一詞就已在報紙上出現過了，這種蒸餾過後的西打酒，原理是從中世紀時提煉藥物而產生的概念。釀造蘋果酒的蘋果，從植物學的起源來說，是和一般食用蘋果不同的。

依各品種蘋果的汁液中含有的單寧和酸度，分別區分為甜口、苦甜、苦口和酸口等 4 種。

甜口味的蘋果含有大量的糖分，發酵後酒精度高。
苦澀味的蘋果發酵後酒的口感重，帶勁，結構好。
酸口味的蘋果發酵後易於久存。

A. 釀造

釀造蘋果白蘭地時，如何維持酒的平衡及如何調配，都是生產者商業上的祕方。不過一般多採用 40% 的甜蘋果、40% 的苦蘋果和

20% 的酸蘋果的比例。蒸餾用的蘋果酒是受法定管制的，它必須是由新鮮蘋果自然發酵而獲得的蘋果酒，每 2.5 噸的蘋果釀造後，可獲得 100 公升的蘋果白蘭地。

　　釀造蘋果白蘭地的蘋果，必須出自法定的果園。每年 9 月秋收上好的蘋果，經過挑選沖洗後，再經過搗碎做成果漿，不能太稀也不能太稠，然後發酵、釀成要被蒸餾的「蘋果酒」，至少要酒精 4.5 度、酸度在 2.5 公克／公升之內，不能添加食用糖。當年採收的蘋果釀成西打酒後，必須在翌年的 9 月 30 日前完成蒸餾。有兩種釀造方式：

1. 再蒸餾法

　　採用夏恆特地區的再蒸餾法，第一階段產生的 petite l'eau，酒精度只有 20 度，再把它做第二次的蒸餾後，所產生的 Bonne Chauffe 之酒精度約 68 ～ 72 度，不取最初及最後蒸餾出的酒液，只保留中間的部分稱為 Coeur。

2. 直接蒸餾法

　　蒸餾的蘋果酒穿過冷卻塔導入分餾塔（鍋爐）中，因加熱而變成酒蒸氣，擠進蛛網閘盤，再藉由壓力不斷地推擠攀升到頂部，這時遇到外界的冷空氣而凝結成液體，順著冷卻塔中的蛇行管慢慢降溫，下降流入儲存的桶內（參見雅馬邑酒的介紹）。要採用哪種蒸餾法，也因蘋果的種類及產區而異。在奧杰地方（Pays d'Auge），則

是強制規定使用「再蒸餾法」。剛蒸餾出來的蘋果白蘭地清澈無色，之後要置放於木桶中做陳年培養，吸收木材中的天然物質和色素，又靠木質纖維的空隙產生氧化作用，使蘋果白蘭地具有豐郁的芳香和獨特的風味。年輕的酒儲存在體積較小的新木桶中，可以加速吸取木質中的天然物質和顏色；長年存放的老酒，則儲存在桶齡不宜太新的大木桶中。木桶多使用橡木製造，也有少數的木桶是用栗樹做成的。

B. 產區

1. 奧杰蘋果白蘭地（Calvados du Pays d'Auge）：釀造的蘋果出自於奧杰（Auge）地區。

2. 蘋果白蘭地（Calvados）：位在內諾曼第（Bass-Normandie）地區 11 個主要產地及其鄰近的一些零散蘋果園的出品，都可釀為蘋果白蘭地。

3. 朵姆楓堤蘋果白蘭地（Calvados Domfrontais）：朵姆楓堤（Domfrontais）地方的果園，1997 年 12 月 31 日升格為 AOC 級。

4. 蘋果烈酒（Eaux-de-vie de Cidre）：諾曼第（Normandie）、曼尼（Maine）、布塔涅（Bretagne）三省的產品，因沒達到 AOC 級，只能稱為蘋果烈酒。

C. 標籤

酒標上除了要標明 AOC 條文中的規定外，還要標示酒齡，是以混酒中最低齡的那年來計算。

蘋果白蘭地
產區

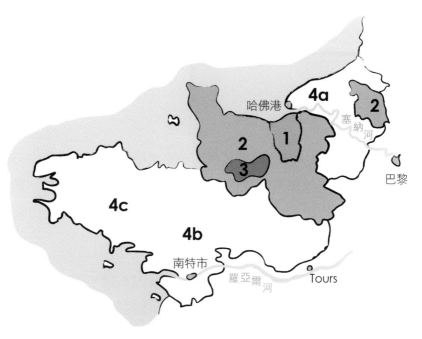

1. 奧杰蘋果白蘭地（Calvados du Pays d'Auge）
2. 蘋果白蘭地（Calvados）
3. 朵姆楓堤蘋果白蘭地（Calvados Domfrontais）
4. 蘋果烈酒（Eaux-de-vie de Cidre）
　4a. 諾曼第（Normandie）
　4b. 曼尼（Maine）
　4c. 布塔涅（Bretagne）

3 顆星	至少要 2 年的木桶陳年。
Vieux、Réserve	至少要 3 年的木桶陳年。
VO、VSOP	至少要 4 年的木桶陳年。
Extra、Napoléon、Hors d'Âge	白蘭地至少要 6 年的木桶陳年。
XO	不存在於蘋果白蘭地酒中。

D. 市場

　　本區每年大約使用 25 萬頓的蘋果來釀造蘋果酒，其中只有五分之二用來再蒸餾釀成蘋果白蘭地，年產量約 1,500 萬瓶，其中有五分之四被銷售到各地，依此數據，除了干邑酒外，蘋果白蘭地是在法國銷售量最大的烈酒了。

　　20 世紀初，蘋果白蘭地多半在本區內消費，第一次世界大戰時才拓展到外地，之後由於實施了「福利休假制度」，很多人來到諾曼第鄉村度假，蘋果白蘭地更廣泛地為人認識和接受。1942 年又修訂一些新條文和法規，更加強了品質上的保證，到了 1950 年才開始外銷到國際市場上。

　　蘋果白蘭地出自於諾曼第，而該區也是一個農業大倉，因此有出名的「4C」，即是蘋果酒（Cidre）、蘋果白蘭地（Calvados）、佳蒙貝乳酪（Camenbert）、鮮奶油（Crème Fraîche）。加上附近極

多種類的海產，尤其是貝甲類，供應了廚房中所需
要的上好材料，而形成一個風格獨特的美食天堂，
促使蘋果白蘭地更大量地用於廚藝方面。在用餐中，它
可加些冰塊做為開胃酒，如果覺得太烈，不妨改用一種
諾曼第出產的 Pommeau 利口酒，它是用蘋果汁混合
了蘋果白蘭地做成的，在 1991 年獲得獨立的 AOC。
Pommeau 時常被當作開胃酒，也可單獨在餐中或餐後
品嚐，也是佳蒙貝乳酪最佳的搭配。新釀出的蘋果白蘭
地清鮮且水果味重，適合用來搭配餐食；陳年老酒則變
得甜口，適合用來品嚐。酒齡並不是決定蘋果白蘭地的
價格與品質的重要因素。

好酒的祕密

　　最早的烈酒文獻記錄是雅馬邑酒（Armagnac），出現於 1348 年。
威士忌（Whisky）是在 100 年以後才出現，干邑酒（Cognac）是 150 年
以後才誕生的，接著蘋果白蘭地（Calvados）等等各式各樣的水果烈酒都
出現了。

PART. 3

葡萄酒是一種有生命力的液體，在它的生命旅程中有若干階段性的
變化，其變化速度的快慢、時間的長短都會和葡萄酒的本質有關，
一些葡萄酒的出產國也把這種酒的行業當成一門學問來研究和發
展，同時它也帶動了農業、運輸、餐飲……各行各業的發展促
進經濟繁榮，這種重要的經濟產物也是科技和藝術的結合。
喜愛葡萄酒的人並不一定要弄懂葡萄酒，不過想要享
受品酒的樂趣，最好具備一點葡萄酒的基本
認識和品酒藝術，透過自己的感官和認知，
來分析和判斷葡萄酒的特性和每個階段
的變化，藉由品嚐可以知道該酒的結
構、味道的和諧、高雅或缺陷，品
酒不是批判酒的好與壞。

品酒藝術

常喝葡萄酒是否有益健康？

1990 年，美國某一健康雜誌刊登了一篇《法國奇蹟》的文章，談到法國人罹患心血管病症遠低於北美地區的人們，這和他們的飲食習慣，加上經常規律性地飲用葡萄酒有關，尤

其在法國西南地區的民眾更是如此。地中海地區人們的膽固醇量都低於北邊的民族，因為他們食用大量植物性的食油、蔬菜、水果和含有多量 Omega 3 的魚類以及飲用含單寧較多的紅酒。

酒中的單寧含有抗氧化物質，而白藜蘆醇（resvératrol）及多酚物（polyphénol）可以減少油脂沉積在人體的動脈血管裡，降低血小板凝聚，調節低密度脂蛋白 LDL 比例，減少心肌梗塞的危險性，抵抗發炎和抑制細胞增加。

植物生理研究人員也指出，白藜蘆醇是一種天然抗膽固醇和抗真菌的多酚化合物，它存在於葡萄皮和若干植物中。當皮膚受到紫外線的照射或是被真菌侵襲後，多酚物會產生一種植物性抵抗力。葡萄皮中有類似苯酚的抗病活性物質，可以使病毒失去活力，將人體內多種病毒殺死。

1995 年，丹麥流行病研究中心報導，經常適量的飲用紅酒，罹患心血管病症的機率可降到 47%，過量的飲用（包括了啤酒、烈酒）反而會增加 22 ～ 36% 的罹患率。另一機構指出，如果每天飲用量不超過四杯（半瓶），可以減少 20% 的罹癌率。波爾多的研究人員也指出，適量的飲用葡萄酒可預防阿茲海默症，研究中心也指出蘋果汁亦有同樣的效果。

雖然葡萄酒是一種健康性的飲料，可是它並非萬靈丹，不能治病，也不能延年益壽。葡萄酒中的成分來自於葡萄，釀成後還加上

了酒精，它可帶來一種暫時性的興奮。飲酒也會變成一種習慣，久而久之便會上癮，一般的酒都超過 10%vol，不當飲用會減少肢體上的反應力和思考力。老酒下肚後，透過腸、胃的吸收進到血液裡，酒精在身體中循環甚快，經過肺部時一部分的酒精會排出體外，其餘的則在肝臟燃燒消化。

酒精代謝的程度也因個人體質而不同，一般女性較男性為弱，體重輕的人、孕婦和孩童也都比較慢，在餐中飲用葡萄酒比較容易被器官吸收。酒不能解渴，反而越喝越渴。如果酒精長期累積在身體內部，會損壞肝細胞的功能，久了會演變成肝硬化，進而影響神經系統。如果常期過量的飲用，又有吸菸的習慣，可能會有咽喉、胃部致癌的危險。

用紅皮葡萄來釀造紅酒，果皮內、籽中的單寧、酚類化合物的含量比白葡萄多出數倍。一些研究報導皆指出，葡萄酒有益於心血管的健康，理論上的成效是紅酒大於白酒，可是葡萄酒不是丹藥，也不能治病。品嚐葡萄酒是一種身心的享受，在搭配食物上尋求口感的和諧。香醇高雅、變化多端的白酒或是清淡易飲、複雜醇厚的紅酒，其特性各有千秋，無法並論，一昧堅持選擇酒的顏色則失去品嚐的原意了。享用美酒之前，首先要知道自己的身體狀況，對於葡萄酒的選擇也要有一點認識，還有飲用的分量，知道什麼時候「停止」才是更重要的。

品飲葡萄酒時，
需要注意哪些事項？

葡萄酒中的酒精約占總體的 10 ～ 15%，它的化學名稱為乙醇，是一種高熱量、無營養的化合物，在肝臟中乙醇經過乙醇脫氫酶作用下，95% 酒精會轉化成乙醛，然後和乙醛脫氫酶相互氧化轉變成乙酸，最後分解成水和二氧化碳，釋放出讓人體發熱的熱量。雖然適量的飲用葡萄酒，能為身體帶來諸多的好處，但酒的成分和組成是不變的，因飲用者個人的體質健康狀況不同，乙醛脫氫酶的分解與活動力也不一樣，如果乙醛無法全部分解，積在血液中便會讓人暫時性的失去自制力和思考力，以致肢體的反應遲緩而產生危險，累積再多甚至會有病痛。所以一般國家都有規定，駕駛人的酒測值為 0.25 毫克／公升，或是血液中的酒精濃度不能超過 0.05%，否則會被禁止開車上路，超過此含量時就會觸法了。一杯 12.5cl（釐升）、12%vol 的葡萄酒（等同於 25cl、5%vol 的啤酒，3cl、40%vol 的烈酒），大約含有 10g 的酒精，兩杯老酒下肚就快達到規定的極限了，必須要有時間讓身體去吸收消化。

葡萄酒和葡萄中都含有同樣的礦物質和維生素，釀造後它可能還保留極微的天然成分，或是釀造時遺留的殘餘物（通常都會受到

嚴格的檢控），這些都有可能對一些飲用者造成過敏症狀，所以添加劑、野種葡萄的釀造都被管制在列。從 2005 年底起歐盟就規定：凡是酒中含有且超過 10 毫克／公升亞硫酸鹽，都要明示於酒標籤上，這是為了保護有過敏症狀的消費者，不致危害到身體健康。

要享用美酒又要將酒精的危害降到最低，飲用的方式和選擇也是很重要的：

1. 酒類的選擇：酒分為蒸餾酒、釀造酒兩種，前者酒精度高不宜過量飲用，否則易損肝臟。後者含糖、胺基酸、維他命，適量的品飲有益健康。

2. 切忌空腹飲酒：飲用前先吃些蛋白質類的食物，防止胃酸直接和酒精作用。醃製物中的亞硝酸胺與酒精作用容易傷肝，應該避免。

3. 服用西藥前後應避免飲酒：抗生素會使酒精在人體內無法代謝而滯留體內，損害內臟器官，或是使人心跳加快呼吸困難，頭痛嘔吐。

4. 糖尿病患者服藥期間禁止飲酒：糖尿病患者服用降血糖藥或注射胰島素期間，若空腹飲酒，會導致低血糖、昏眩甚至休克，腦細胞受損。

5. 心臟病患者不宜過量飲酒：心臟病患者若因飲酒過量，容易造成血壓波動幅度過大，而產生危險。

6. 服用安眠藥或鎮定劑後禁止飲酒：服用過安眠藥或鎮靜劑的人再飲酒，酒精會和藥物雙重抑制而使腦神經受損甚至昏迷。

各人的體質狀況不一樣，想喝兩杯時最好注意一下飲用的方式，或是聽聽醫生的建議。

±10 g 的酒精

好酒的祕密

酒後飲用咖啡、猛吸冷空氣或是使用其他方法，並不能馬上改善身體的狀況。酒精在血液中每小時以 0.15 公克／公升遞減，兩、三杯美酒下肚後則需要 4 ～ 5 小時來消化。飲用時，最好是以半小時的速度喝完一杯，再加上與白開水交互飲用，以減少對身體的傷害。適量的飲用標準為，一般的體態（男士體重 80kg，女士 60kg）、身體健康者，建議每週 7 天中，男性每天飲用量不超過 3 杯、女性最多 2 杯，偶爾可以逾限，通常以 1 週 1 次為原則。

品嚐葡萄酒的目的
與方法有哪些？

喜愛喝葡萄酒的人們，並不一定要弄懂葡萄酒，不過想要享受品酒的樂趣，最好還是要具備一點葡萄酒的基本認識和品酒方式，就像球員在比賽之前要知道打球的規則一樣，一杯瓊漿玉液喝到口中，才不致辜負了酒農們的辛勞，也不會產生「誰知盤中飧，

粒粒皆辛苦」的感歎。粗淺地說，品酒就是有點學問的喝酒，淺酌而非牛飲，透過自己的感官和認識，來分析判斷酒的特性和每個階段的變化，藉由品嚐可以知道該酒的結構、味道的和諧、高雅以及一些缺陷。但要記得「品酒不要批判葡萄酒的『好』與『壞』」。

　　怎樣才能算是佳釀？成功釀造出來的紅酒是酸、澀、甜（酒精）三方面的平衡，白酒則是酸、甜（酒精）的平衡，而不應該只凸顯某一方面，一般好品質的葡萄酒都應有這些要素，它們堅強有力地支撐著酒身，如同人的骨骼支撐著整個身體一樣，這些要素是會隨著時間而遞減的。各種顏色、類型的葡萄酒，就像地球上的人類，有不同的膚色、體型、氣質一樣。佳酒（Grand-Vin）不但有酒體，還有自己的獨特性，這些來自土質、氣候、釀造技巧等等因素，構成了酒的靈魂，同時又受到陳年、環境的影響，變化萬千，這也就是需要品嚐的原因了。

A. 品酒的技巧

　　品嚐是視、嗅、味覺上的認知，首先觀看顏色的濃厚度、色調的變化以及清澈、明亮度，續而聞酒中的第一、二氣味或是有第三氣味的存在，再從味覺上找出酸、甜（酒精）、澀味的平衡，以及酒的厚薄和後口感（餘香）停留的時間。

　　1. 手持高腳杯，一方面可避免手溫傳入酒中，又可握住杯子的平衡點，在搖晃酒杯觀察酒的顏色時也易於操作。

　　2. 為了加深品嚐的記憶，也可依視覺、嗅覺、味覺方面做成筆記，最後再綜合判斷，做為日後的參考，陳年老酒也可察看出階段的陳年變化。

　　3. 套餐佐酒乃是求酒、菜相襯的和諧性，與品酒無關。

4. 在品嚐的過程中，為了講求客觀起見，常做「遮掩品嚐」，就是把酒標掩蓋起來，或是倒於醒酒壺中，品嚐者才不會受到心理和觀感的影響。

B. 品酒時需注意的細節

1. 一般人的感官在飯前比較敏感，職業品嚐通常在上午 10 ～ 12 點之間。

2. 不同類型的葡萄酒，依口感的輕重、酒齡的高低（很少例外）排出次序，以免口感上的干擾。

3. 飲用了烈酒、吃過乳酪、喝過咖啡或是吸菸、吸雪茄後，切忌品嚐，但嚼塊小麵包不會使味覺麻痺。

4. 每次品嚐的瓶數不宜太多，6 ～ 8 種為宜，並準備些白開水或是氣泡水。

5. 地點要明亮、環境要安靜，除了室溫，品飲時的酒溫是非常重要的。溫度太低，香味不易散發，反之則難以聚合。如果酒溫超過 20℃時，香味不易聚合，而且酒精味變重濃厚芳香、單寧多的酒溫度要高些，越甜的酒溫度要越低，香檳酒溫度也要低。

6. 低齡酒可提前開瓶醒酒，老酒盡量延遲開瓶。

7. 酒杯最好選用高腳大肚型，杯口向內微縮，呈鬱金香狀，在杯內散發出的香氣才容易聚合。

如何辨識葡萄酒？

品嚐葡萄酒是藉由視覺（觀察）、嗅覺（氣味）、味覺（口感）上一系列的認知來辨識。

◀由側面觀看它的明亮度。

▼從杯子上端「酒面（disque）」的中心點看顏色的濃厚、清澈度。

▼由側上方看酒面的周邊，它和杯壁之間有一環霧氣，寬窄和顏色的濃密可以顯示出酒齡。

A. 視覺—觀察（Visuel-L'oeil）

　　品嚐葡萄酒採用的高腳杯，要透明潔淨，才容易觀看又便於操作。手握住杯腳，酒溫才不會升高得太快，在搖晃過程中也易於掌握平衡度。觀察顏色時，酒杯後方用白色的紙、布巾來襯托，較容易反光查看。斟入的酒量要適中，酒太少看不出名堂，若酒太多，搖晃時容易灑出來。觀看時，先從杯子上端（酒面〔disque〕）的中心點看顏色的濃厚、清澈度，可反映出它們的品質。質地好的葡萄酒都會閃爍著光芒，呈現混濁的話，則可能味道平凡。之後稍微傾斜酒杯，由側面觀看它的明亮度。再由側上方看酒面的周邊，它和杯壁之間有一環霧氣，寬窄和顏色的濃密可以顯示出酒齡，尤其在老的紅酒中特別明顯。

　　從葡萄酒顏色的深淺、濃密度，可以得知一些酒中的訊息，如葡萄的品種、出產地區、採收率、當年的天氣、釀造方式等。一般而言，日照多的地區酒色較深，採收率低者酒色較濃，雨多酒則稀薄。無論何種顏色的葡萄酒，色調都會因時間而有所改變，白酒由蒼白成為淡黃、稻草黃、淡金、紅銅色等；紅酒顏色的差別變化極大，有石榴色、深紅、寶石紅、紫紅、紫黑等；低齡時夾帶著紫光，久了則變成橘紅、磚紅、琥珀色，表示其生命也快消失了。每種酒變化的速度不一樣，即使色澤極為相似，也不能相互比較酒齡。

在酒中可看到的一些狀況：

1. 粗砂糖狀的結晶體

　　它們沉積在瓶底或黏附在瓶塞的一端，紅酒中呈胭紅色，白酒中呈透明白色，是因酒中的酒石酸受到劇冷所致，它們不會融解於酒中，也不影響酒的味道和品質。

2. 渣滓沉澱物

　　葡萄酒過了成熟最高點，一些特性都開始衰退，紅酒中的單寧和色素會產生聚合作用，分子間的凝聚除了會使顏色蛻變外，聚合物最後變成酒渣沉於瓶底，它們並不影響酒的品質。陳年存放的白酒，如果照顧不周就會出現一些雀斑狀的小點。

3. 氣泡

　　所有的葡萄酒在酒精發酵過程中都會產生氣體二氧化碳，「靜態」的葡萄酒也不例外。斟酒時，在幾種年輕的紅、白酒中，常會看到極微小的氣泡附著在杯壁或酒面的四周，這是酒農為追求口感上的清鮮和刺激特意釀造出來的。如果是傳統的紅酒也會有這種狀況，可能是釀造時發生了問題，不過在目前的科技下，不太可能發生這種事。

4. 淚痕

　　搖晃杯中的酒後，會有一種油狀透明體附著在杯壁上，再慢慢

地滑落,速度快慢不一,薄厚程度也不同,這代表酒中的甘油、酒精度和發酵過後剩餘的糖分,並不意味著品質的高下。

從葡萄酒的顏色可得到的啟示:

酒色不夠濃厚的原因:

- 釀造時浸泡的時間不夠。
- 採收率過高,或是年輕葡萄樹上的顆粒。
- 多雨的年份。
- 葡萄沒有完全成熟就摘取。
- 發酵時溫度過低。

導致釀成的酒不能存放太久。

酒色深濃的原因:

- 葡萄成熟度好。
- 釀造時浸泡時間足。
- 採收率低。
- 老的葡萄樹。
- 成功的釀造。

釀出的酒可以存放長久。

B. 嗅覺—氣味(Olfactif-Le nez)

嗅覺就是以鼻子嗅聞的功能來認識葡萄酒,氣味是物質內分子的揮發,由鼻孔傳到嗅覺神經,亦可經由口腔傳到後鼻腔,再達到

137

斟酒不得超過 1/3 杯

查看酒的顏色

靜態嗅聞

搖晃

搖晃後（動態）再嗅聞

品嚐

嗅覺神經，人們再感辨出是哪種味道。葡萄酒能散發出多種不同的香氣，它們會因葡萄的品種、出產地、氣候、酒齡而有所差異，尤其是與空氣接觸後影響最大。平凡的葡萄酒香氣少又單調脆弱，好的葡萄酒不僅含有大量的香氣，而且深厚、細緻、高雅，還有層次上階段性的變化。

　　要從嗅覺上來認識葡萄酒，首先從靜態上著手。當酒斟入杯中之後，先聞它的原始氣味，可能是出自於葡萄本身的天然味道——花香、果香，如密思嘉葡萄、格烏茲塔明那葡萄、卡本內—蘇維濃葡萄……等，都有自己的原始香味。由於國家原產物管理局（INAO）對每個大產區使用的葡萄品種都有規定，從第一原始氣味也不難找出酒的原產地，此外，還可能聞到一些酵母、醚、酯類的味道，它們是在酒精發酵過程中產生出來的，尤其在低齡白酒中最明顯。但這種香味不應該壓過每種酒的原始氣味，選擇低溫發酵可帶給酒更多的香味。

　　在品嚐藝術中，前者稱為第一氣味，後者稱為第二氣味，兩者合稱為 arôme。在陳年過程中，它們都會漸漸地消失，而變成一種類似動物羶騷、化學味的陳年酒香，就是第

三氣味，習慣上稱之為 bouquet。平凡的葡萄酒，很難經得起長年的儲存，通常在香味沒有完全轉變之前就開始變質了，而 bouquet 多存在於陳年老酒中，尤其是紅酒。

有的葡萄酒因為陳年時間不足，或本性太含蓄封閉，在第一步的靜態嗅聞時，並不容易找出它的原始氣味，這時再做第二步輕微的搖晃動作，讓杯中的酒和空氣多接觸，時間拖延、溫度升高後再看看酒的變化。如果還不能找出更多的氣味，不妨用另一隻手掩住杯口用力搖晃，使原本監禁在酒中的香味更容易散發出來，此時聞聞隱藏的香氣，再比較一下每個層次的變化。為了方便記憶以及找出酒中的氣味，通常把生活上較常碰到的味道做為描述的依據，歸成幾大類（族系），品嚐時先找出主軸，再慢慢地細分各系列中的香味。

1. 果香味：a. 以地區劃分，有寒帶水果（多半指歐美地區的出產）：蘋果、杏子、梨等。熱帶水果：荔枝、鳳梨、木瓜等。b. 以顏色來劃分，有黃色水果類：桃子、杏。紅黑色水果：覆盆子、桑葚、茶藨子、櫻桃等。c. 以水分來劃分，漿果類：檸檬、石榴柚、橘子等。乾果類：榛子、核桃、無花果等。

2. 花香味：各種各樣的花類，新鮮的或乾燥過的，聞起來非常愜意。氣味輕的如菩提花、葡萄花、茶花、山楂花等；氣味香濃的如玫瑰花、洋槐花、紫羅蘭、茉莉花等。花香味可以顯示出葡萄的出產地或是它們的品種。經過時間的流逝，花香味會轉成乾花的味道。花香常存在於白酒中，少數的紅酒也可發現花香味。像是紫羅蘭、茶花、鳶尾花，也會存在於紅酒中。

◀茶藨子。

3. **植物味**：包心菜、松樹、檀香木、剛修剪過的草皮、菸草、稻草、菇菌類、青苔、陳舊味等。如果葡萄不夠成熟就摘採，釀出的酒常有一股植物的青澀味。

4. **香料味**：八角（大茴香）、小茴香、鮮茴香、丁子香、胡椒、香草、肉桂、月桂、百里香、松露、甘草、迷迭香等。

5. **醚酯味**：發酵過程中產生的氣味，特別是存在於白酒中。

6. **化學味**：二氧化硫、石油、硫化氫的氣味。

7. **焦烤味**：煙燻、火燒、咖啡、吐司麵包的氣味。

8. **木材味**：經過木桶陳年的葡萄酒帶有橡木、香草、澀味。

9. **香酯味**：在陳年老酒中帶有樹脂、香草味。

10. **動物味**：皮革、麝香、羶騷味……等，多存在老紅酒中。

11. **礦石味**：電石、白堊土、鈣土的氣味。

12. **不正常的味道**：發黴、腐爛、瓶塞的氣味。

C. 味覺—口感（Gustatif-La bouche）

味覺就是用口腔的功能，去感觸葡萄酒的味道，除了舌頭上的味蕾能感覺味道外，口中的香味也會透過口、鼻之間的腔道傳到嗅覺神經。舌頭上的味蕾可以感受到甜、酸、鹹、苦四種基本味道，舌尖對於甜味比較敏感，舌緣對鹹味比較敏感，舌根對苦味比較敏感，舌頭兩側的上端對酸味比較敏感，舌中央感覺性差。同時口腔也有其他的感應能力，可以有流質的密度（酒的厚薄度）、冷熱的反應（酒精強，口腔、食道就會感到發燒）與化學的反應（遇到酸、澀、鹹，就會流口水或收斂）。

入口的酒因受到體溫影響而溫度升高，會開始散發出新的香氣，品嚐時喝一小口，先在口腔內轉一圈，看看各部位的反應，如果沒有什麼強烈感受，再輕吸一口氣，藉此來散發香氣和滑潤一下味蕾，然後再決定口中的酒是要吞嚥或吐掉。第二步再喝一大口酒，像漱口般在口腔中滾動，一些封閉性的酒往往要十幾、二十秒後才會顯出其特性，然後用口腔的功能去感覺酒的味道和特性，之後吞嚥或吐掉，並計算一下餘香味（cautalie）於口中的時間，而並非是酸、澀的刺激性。餘香味也可能沒有，但是時間越長，酒的品質越好。

品嚐紅酒是尋求酒中酸度、澀度、酒精度三方面的平衡；白酒則是酸度、酒精度的平衡；貴腐甜酒則是酸度、酒精度的平衡外加上貴腐的程度。

1. 甜度（酒精度）： 葡萄中的糖分，在發酵之後會轉變成為酒精度，多餘的糖分則保留在酒中，因而使得口感圓潤。如果酒中的甜

度太高，沒有酸度來平衡時，口感會太甜膩；甜度太低，酒會顯得乾（酸）澀。在發酵過程中產生的甘油，也能讓酒有甜味，但它不是主要的成分。

2. 酸度： 它存在於葡萄的顆粒中，有酒石酸（acide tartrique）、蘋果酸（malique）、檸檬酸（citrique），以及發酵時產生的乳酸（acide lactique）、醋酸（acide acétique）。經過發酵後，蘋果酸會轉變成乳酸。酸是構成酒的重要成分之一，它們可以使酒清鮮、活潑，有力地支撐著酒身，就像骨架支撐著人體一樣。過多的酸則刺激性會太強，酸度不足，則酒顯得平淡乏味。

3. 澀度： 主要來自葡萄皮、葡萄籽和細梗中的單寧，它有收斂性，釀造後一直存在於酒中，低齡時較明顯，強烈度也大。隨著時間的增長，單寧會轉為柔和；澀度太高時乾苦難飲，不足時軟弱無力。它們還有粗、細之分，這是與葡萄的品種、氣候、土質的影響有關。粗糙的單寧使酒顯得粗獷，細緻的單寧即使強勁也會像鵝毛般的絨柔，兩者都不會因時間的培養而有所改變。它是儲存上的重要因素，在陳年的過程中，單寧也像紅色素一樣，因聚合作用彼此凝結而溶於酒中，當單寧的澀味開始衰退，平衡狀況也會跟著變動，酒的生命力也開始走下坡，在儲存方面就要開始留心了。

白葡萄酒的平衡建立於酸、甜兩方面，酸度太高則刺激性高，酸度不足則酒疲乏無力，不夠清鮮。即使甜白酒中也要有一定的酸度來平衡，否則過於甜膩，酒不夠細緻。

4. 後口感：品嚐最後階段是探試「後口感」，含在口中的酒，經過口腔各部位接觸反應之後，或吞嚥，或吐掉，馬上計算餘留在口中「香氣」的時間長短，通常以秒為單位計算，平凡的酒香氣很快就消失了，一般級的酒也會停留個幾秒鐘，高品質的好酒後口感極長。每個人的感官靈敏度並不一致，對於同一種酒的評判尺度並沒有絕對的標準，除了口感的平衡，與顏色、香味三者之間是否相配調和，也是一種考量的尺度。葡萄酒的變化萬千、種類繁多，永遠也品嚐不完，初入美酒世界的朋友們，知道品嚐的方式後，等於在茫茫的酒海世界中有了一個索引指南。靠著自己感官的天賦慢慢地發掘香醇美酒的奧妙，接觸時日久了，自然會找出自己喜愛的風格。

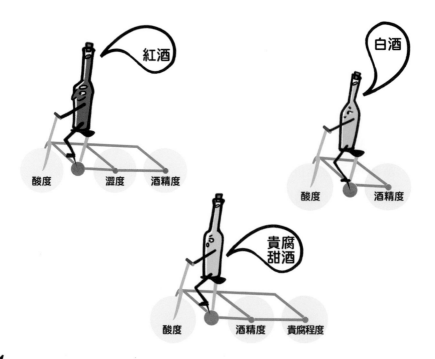

酒標的標示內容有哪些？

在眾多葡萄酒和烈酒的系列中，大多外貌極為相似，但同樣的葡萄因來源地、釀造方式、年份等因素，釀出的酒各有所不同。為了避免混淆和方便辨認，酒瓶上黏貼的酒標就具有很大的作用，它是一瓶酒的身分證明，也是驗明正身的指標。在那張小紙上，利用簡單的標示，能讓人們在選購時輕鬆辨認出瓶中酒。

廠商

年份

產區

裝瓶行號

酒精度

容積

法國生產

羅馬時代是用一種雙耳大肚的陶土壺來裝運葡萄酒，並在壺上打了地方執政官的印記。改用木桶後，就烙上火印證明來源地，1729年從國王的告示中就能看到證明，當時凡是出自隆河谷地區（Côtes du Rhône）的酒都必須註明「CDR」三個字母以示區別。即使後來有了玻璃瓶的發明和使用，也一樣會在瓶上記下標誌。

1818 年波爾多的石版印刷商發明了酒標，在一張小紙上著色和畫圖，裝飾得五花八門，充分顯現出藝術氣息，為的是要吸引購買者，同時也提供瓶中物的一些資訊。這些印在酒標上的資訊中，有的是按規定必須要註明的；有的是釀造者、酒商自己添加的非必要資訊，能讓購買者更進一步認識酒況。為了避免混淆或舞弊，對於酒標上資訊的真實性，政府有關部門也訂立相關的罰則規章，以確保消費者的權益。

A. 酒標上必要標示的資訊

　　1. 產地：此說明了瓶中酒來自哪個產區，一般用較大的字體或是正體字來標示，例如 Bordeaux（BORDEAUX）、Médoc、Margaux、Chambertin、Gros Plant、Aude、Riesling。　產區名稱下邊都會有一小行字，註明了產區監制的級別，例如 Vins de table、Vin de pays 或是 Appellation ○○○ Contrôlée。○○○ 表示法定產區的名稱，當中亦含有各葡萄園的等級之分。例如：

（1）波爾多產區監制

　　（Appellation Bordeaux contrôlée）——大區域級。

（2）波爾多梅多克區監制

　　（Appellation Médoc contrôlée）——明訂區域級。

（3）波爾多馬歌產區監制

　　（Appellation Margaux contrôlée）——鄉村級。

（4）布根地梅索產區監制

　　（Appellation Meursault 1er cru Contrôlée）

——第一等級。

（5）香貝丹產區監制

（Appellation Chambertin Contrôlée）——特等級。

各大產區等級鑑別方式不同，不可互相比較。香檳地區的酒則不註明香檳區監制，酒標上只要有 CHAMPAGNE 字樣，外加廠牌的名稱就可以了。

在阿爾薩斯產區都是以葡萄品種命名，如 Riesling 酒標上只需註明 Appellation Alsace Contrôlée，即表示此酒為阿爾薩斯地區出產的 Riesling 葡萄所釀造而成的酒。

2. 酒精度：因葡萄的含糖量不一，釀出的酒精度也略有差別，通常在 8 ～ 14.5 度之間。

3. 容積：以 0.75 公升做為正常瓶的基數，半瓶是 0.375 公升。除非必要，否則很少會被裝成半瓶，因為容積小，則酒的變化快，另一方面成本也會提高。大瓶（1.5 公升以上）的瓶中變化慢，保存時間也較長。

4. 裝瓶的公司行號和地址：為了避免同名之累，通常酒標後面會加上郵遞區號以示區別。

5. 年份：表示葡萄採收的年份，地區餐酒不包括在內。

6. 法國生產字樣：外銷產品必須註明於酒標上，內銷則非必要，日常餐酒註明「Vin de table de France」。

147

◀酒標範例。

B. 非必要資訊

為了提供更多的說明，只要是與瓶中酒相符合的都可以標示於酒標上，例如；

1. 葡萄的品種：標出葡萄的名稱，以顯示其特性，尤其在 Vin de Pays 中較明顯。但阿爾薩斯區的酒是以葡萄品種命名，所以必須要註明。

2. 酒的特性：新酒（vin de primeur）。

3. 釀造方式：特別釀造（cuvée spéciale）。

4. 裝瓶者：指明是合作社、酒商、釀造者入樽，或是註明「Mis en Bouteille au Château」字樣。

5. 釀造的瓶號：表示釀造的數量。

何謂法定產區管制
（AOC）？

法定產區管制（Appellation d'Origine Contrôlée, AOC）是政府當局對葡萄酒的一種管理和品質上的要求。1863 年，法國卡得（Gard）地區首次受到了根蚜蟲的肆虐，也蔓延到其他各大產區，幾乎摧毀了全法國的葡萄園，幸好最後總算找到解決方法——把法國的葡萄樹枝接到不受蚜蟲侵害的美國土生葡萄樹根上，才算結束了這場災難。

　　歷經蟲害危機，導致葡萄酒的缺乏，於是市面上出現了假酒和人工酒。為了阻止這種不正當的行為，1889 年法國通過了一項法律條文，明確地規定了葡萄酒的「定義」，並在 1905 年設立了假酒防範管制機構。加上 20 世紀初的戰爭動亂及經濟不穩定的情況下，使得葡萄酒界出現惡性競爭和削價的情況，市場十分混亂，經過了幾次的波動，政府當局不得不插手干涉，在 1935 年成立了「國家原產物管理局」（Institut National des Appellations d'Origine, INAO），規定在全法國上好的葡萄出產地，其產品由「法定產區」的條例管制，也就是明定了各葡萄產區的範圍、採收率、產量和葡萄樹的栽種、剪枝法則，來控制葡萄酒的生產量，以穩定市場，對各產區規劃的要求也是不一樣的。

1936 年，首先在阿爾伯（Arbois）、卡西斯（Cassis）、蒙巴易亞克（Monbazillac）、教皇新堡（châteauneuf-du-pape）成立了法定產區制。訂定法定產區管制的條列是非常嚴謹的。酒標上的產區標示，反映了該區土地的特徵以及一些人文訊息。

有關法定產區，首先是產區範圍與地界的釐定，包括氣候、土地；同時，產區內的每塊土地都排列成級；其他還包括葡萄品種的選擇、剪枝方式、種植密度、採收率、酒精度、釀造過程、木桶陳年時間都有所規定。酒農世代沿襲的釀製經驗，每年釀出的酒要化驗分析和經過專業人士的遮掩品嚐，產品通過測試後就可晉升為 AOC 級，INAO 會發「法定產區」證明，如果產品沒有通過檢驗，或是不依規定釀造，就無法獲得 AOC 級證明，只能降級出售。在 AOC 級範圍內的土地，其養料都集中供給有限的葡萄，產品的質量也提高了，釀成的酒口感更濃郁。

葡萄酒的等級如何劃分？

法國對於葡萄酒的釀造和生產方式的要求特別嚴格，都有一些專門的機構來負責督導，以保證永久性的品質水準。依照歐盟的規定，葡萄酒可分成為兩大類，日常餐酒（Vins de table）和產自特定地區的葡萄酒（Vins de Qualité Produits dans une Région Déterminée, VQPRD）。

因為法國酒的種類太多了，因而法國的葡萄酒總共有三種等級：日常餐酒、地區餐酒、法定產區餐酒（包括了 2011 年合併的 VDQS 級酒）。除了日常餐酒，其他兩種等級的酒都規定了使用的葡萄品種、種植的界限，在法定產區餐酒中，又因一些葡萄園具有「小地理氣候」，酒的品質更好，又歸列成級，其方式也因產區而異。

1. 日常餐酒（Vins de table）

這是一種日常性的飲料，只要求品質的穩定性，但是一些釀造的規則還是必須要遵守的。釀酒的葡萄出自於法國某個地區，或是混合幾個不同地區的葡萄釀造而成，酒標上只需要註明「Vin de table de France」，不必再標明詳細的來源地區。葡萄也可來自歐盟的會員國，但必須在法國境內釀造（非歐盟國是被禁止的）。釀成的葡萄酒，酒精度至少要有 8.5 ～ 9 度，最多不得超過 15 度。這種

151

酒通常是以一種特別的品牌（商標）出售。酒商、酒農們可採用數種不同品種的葡萄釀造，以保持固定的品質和大眾化的口味。

2. 地區餐酒（Vins de Pays）

　　這類酒屬於在某些特定區內較好的葡萄酒，而且具有特性，釀酒的葡萄必須出自於當地，並有固定的品質保證，沒有任何的混合成分。自然發酵後至少要有 9 ～ 9.5 度酒精，但是在地中海沿岸一帶的產品，最少要有 10 度酒精，而且酒標上必須註明出產地區。上市前要經過國家酒業檢驗所（Office National interprofessionnel des Vins, ONIVINS）組成的委員會品嚐通過才可以上市。

3. 法定區餐酒（Vins Appellation d'Origine Contrôlée）

　　AOC 是法國對於葡萄酒的一種管制和品質上的要求，1935 年成立「法定產區」，所有上好的酒都會被法定產區條列所管制，其中包括了產區範圍、界線劃分、使用的葡萄種、酒精度、採收率等等，此外對於葡萄樹的剪枝方式、釀造過程、木桶陳年時間都有所規定。產品通過分析檢驗和品嚐後，INAO 就會發「法定產區」證明，如果產品沒有通過檢驗，或是不依規定釀造，就無法獲得 AOC 級證明，只能降級出售。1992 年，AOC 的制度又推廣到一些農產、乳酪、醃漬物及其加工品上，也就是在特定地理區內的產品都須依規章種植、生產，並要帶有原產地的傳統獨特性。歐盟在 2011 年底前完成調整，改寫為 AOP（Appellation d'Origine Protegée），意義是相同的。

法國		歐盟國家
AOC	31%	VQPRD
Vins de Pays	14.5%	
Vins de table	40%	Vins de table

註：產量的比例尚未包含 14.5% 的各種烈酒。
優良地區餐酒（Vins Délimités de Qualité Supérieure, VDQS）已於 2011 年併入 AOC 級。

何謂「le Cru」?

在葡萄酒的文獻記錄上，常見到「Cru」這個字，在法文中的本意為「產區、產物或是未煮熟」的意思，它代表了葡萄酒和土地（terroir：地貌＋土質＋氣候）加上人為的結合。自古以來，酒農們到處尋找上好的土地來種植；古羅馬時代就有文獻記載到，某些地方的出產品質就是優良美好，因而人們開始留心並區分這些地

▼邦馬爾（Bonnes-mares）特級葡萄園。

方。即使在同樣地區的同種葡萄，栽種在不同的方位和高度，所釀出的酒還是大有差異。中世紀時，教會的僧侶們開始精確地尋找，並劃分出一些上好的葡萄田，1644 年就已鑑定出四個頂級葡萄園。幾個世紀以來，一些列級的 Cru 並不是為了聲名，而是品質的證明。

在各產酒區中，「Cru」代表了不同的意思。

香檳區是以採收葡萄的滿意程度做為衡量等級的尺度，其中 17 個村鎮所收成的葡萄定為特級品（grand cru），另外 43 個村鎮的種植物為一級品（premier cru），因而「Cru」在香檳區代表村鎮。

布根地區的土地結構及地形變化十分複雜，區內的特級酒（grand cru）有自己獨立的 AOC，也是地籍的名稱，例如香百丹（Chambertin）是哲維瑞—香百丹（Gevrey- Chambertin）產區中的特級葡萄園，只要註明了「Chambertin」就可代表了一切。鄉村級產區（AOC communale）內的一些高品質田地訂為第一級葡萄園（premier cru）。因而，在布根地產區，「Cru」代表一塊土地（lieu-dit），本地的酒農習慣稱它們為「Climats」，一個 Cru（葡萄園）可能處在一個鄉村內，或是跨越在幾個村子上，也可能是一位酒農所擁有或是多位酒農共有的田地。一級葡萄園大都冠一文字名稱（地籍名），它們不能像特級葡萄園的 AOC 一樣獨立存在，例如夏姆（Charmes）是梅索（MEURSAULT）產區中的一級葡萄園，Charmes 必須和 MEURSAULT 寫在一起：「Charmes-MEURSAULT」。

▼梧玖城堡。

阿爾薩斯區有兩種等級的酒：AOC vin d'Alsace 和 AOC vin d'Alsace grand cru，後者出自於 50 塊的特定土地上，採用 4 種不同的葡萄釀造。在這裡，「Cru」代表了地籍。

在波爾多地區，1855 年梅多克地方做了官方的等級劃分，它們是城堡（Château）、莊園（Domain）之間的比較；之後，聖愛美濃（St. Emilion）地方也做了等級劃分，1984 年修訂為 AOC St.Emilion 和 AOC St. Emilion grand cru 兩種等級（後者包括了昔日的 1er grand classé A 組和 B 組，以及 grand cru classé）。在格拉夫（Graves）區，則分為 1er grand cru classé、grand cru classé 和 AOC graves 三種等級。索甸區（Sauternes）有 1er cru Supérieur（特級）、1er cru（一級）、second cru（二級）和 AOC Sauternes（普通級）四種等級。因而，在波爾多產區，「Cru」代表了每個城堡（Château）或莊園（Domain）的出品，葡萄可能來自相同或是不同的土地。

要提醒的是，出自不同大產區的葡萄酒，並不能以同樣的等級來比較它們的品質。

布根地產區的葡萄酒等級如何劃分？

▲一牆（路）之隔分開兩個產區，產品的特性大不同。

法國東邊的布根地產區處於大西洋和大陸性氣候的交界處，從北邊的夏布利到南邊的里昂市綿延了 260 多公里長，東西最寬處也只有十幾公里的狹長土地。土壤則為第二疊紀的沉積石灰岩、泥灰岩土，由於形成時間的差異，造成各葡萄園土質中的混和比例、構成的層次也不一樣，加上各處小地理氣候的變化，採收的葡萄大不相同，釀成的酒品質十分懸殊。

幾個世紀以來，布根地的許多葡萄園都操縱在各教會的手中，修士、僧侶們也從事於葡萄的種植和釀造技術上的研究，當時也以他們釀出的酒最為出名、美好。長期以來，他們發現各葡萄園的天然環境、地理位置，對於葡萄酒的特性有很大的影響，布根地各區的小地理氣候也可體現酒的特性，於是便開始區別各葡萄園之間的異同，導致等級劃分的概念。

1855 年，Lavalle 醫生拿出一份自己調查多年的黃金坡地上好葡萄園的名單，後來博納（Beaune）市農委會把它列級，準備在 1862 年巴黎世界博覽會使用，直到今日，這份名單的排列順序沒有多大的變動。1936 年成立「法定產區管制」制度（Appellation d'Origine Contrôlée），區內的各葡萄園都受國家原產物管理局（INAO）的監管。布根地大產區內共有 100 個不同的法定產區，其中 23 個是大區域性的法定產區，44 個是鄉村級的法定產區，33 個是特級葡萄園。

布根地產區的 4 種等級

I. 大區域性的法定產區（Les Appellations Régionales）

　　在布根地產區內凡是合乎 INAO 規定，釀出的酒具有一定水準，都可列入布根地一般性的「大區域性的法定產區」，如 Appellation Bourgogne Contrôlée。它們還可以用葡萄的品種、釀造的方式或是冠上地方、村鎮、地籍的名稱來標示。

1. 葡萄的品種：

　　（1）派司土贛（Bourgogne Passe-Tout-Grains）是混合黑皮諾和加美葡萄。

　　（2）阿里哥蝶葡萄（Bourgogne-Aligoté）。

2. 釀造的方式： 布根地氣泡酒（Crémant de Bourgogne）。

3. 地方、村鎮、地籍的名稱：

　　（1）Appellation Mâcon Contrôlée，布根地馬貢地方。

　　（2）Appellation Bourgogne Hautes-Côte de Beaune Contrôlée，布根地上博納丘地⋯⋯等。

▼高登山全景。

（3）Appellation Bourgogne Côte-St.Jacques Contrôlée，布根地的 Joigny 鎮附近。

（4）Appellation Bourgogne Epineuil Contrôlée，布根地歐歇瓦（Auxerrois）地方的小村子。

II. 鄉村級的法定產區（Les Appellations Communales）

地方上習慣性稱為「Village」，它是出自於某些村鎮土地上的葡萄酒，別具一番獨特的風味，品質管制的要求也相當高。例如哲維瑞－香貝丹（Gevrey-Chambertin）村的 Appellation Gevrey-Chambertin Contrôlée。

III. 布根地第一級葡萄園（Bourgogne les Premiers Crus）

在同一鄉村級的法定產區內，有部分園區受了小地理氣候的影響，出產的酒常優於鄰近的葡萄園，雖然都是鄉村級的酒，可是品質較高，風味也多，通常會在酒標上寫出它們的地籍名稱，或是註明第一級的酒（1er Cru），有幾種不同的方法表示，在法規上都被認可。

例如；梅索（Meursault）鄉村級產區中的夏姆（Charmes）葡萄園，酒標上的表示方法有幾種：

1. 「Appellation MEURSAULT-CHARMES Contrôlée」，其中 CHARMES 字體不能大於 MEURSAULT。

2. 「Appellation Meursault-Charmes 1er cru」或是「Appellation

Meursault-Charmes Premiers Cru」，表示瓶中酒只出於 Charmes 的葡萄園。

3.「Appellation Meursault Premiers Cru」或「1er cru」，並沒有明確指出夏姆（Charmes）葡萄園，那表示瓶中物可能來自於幾個不同的一級葡萄園。在布根地鄉村法定產區中，共有 562 個一級的葡萄園。

IV. 布根地特級葡萄園（Bourgogne les Grands Crus）

集布根地酒之精華，自古以來就非常出名了，每塊葡萄園都有一個地籍名稱和獨立的法定產區監製權，在酒標上只要標明葡萄園的地籍名稱就可以代表一切了，這是和第一級葡萄園不同之處。有的特級葡萄園位於一個鄉村產區內，有的跨在兩個鄉村產區上。例如：香貝丹（Chambertin）葡萄園位於哲維瑞－香貝丹（Gevrey-Chambertin）產區內，蒙哈榭（Montrachet）則跨在普里尼－蒙哈榭（Puligny-Montrachet）和夏山涅－蒙哈榭（Chassagne-Montrachet）兩產區之間，因為它們都有獨立的法定產區監製權，在酒標上只要標明「Appellation Chambertin Contrôlée」、「Appellation Montrachet Contrôlée」即可，表示布根地的特級酒出自於 Chambertin、 Montrachet 葡萄園。布根地一共有 33 個特級葡萄園，其中的夏布利產區有 7 個特級葡萄園。

註：布根地「明訂區域性的法定產區」（「Les Appellations Sous-Régionales」或是「Appellations semi-Régionales」），已併入大區域性的法定產區。

布根地的特級葡萄園

1	夏布利 特級葡萄園 （Chablis Grand Cru）			（1）布果（Bougros） （2）佩爾絲（Les Preuses） （3）渥岱日爾（Vaudésir） （4）格怒易（Grenouille） （5）瓦密爾（Valmur） （6）雷可露（les Clos） （7）布隆構（Blanchot）
2	黃金坡地 （Côte d' Or）	夜丘地區 （Côte de nuits）	哲維瑞－ 香貝丹 （Gevrey Chambertin）	（1）乎修特－香貝丹 　　（Ruchottes-Chambertin） （2）瑪意斯－香貝丹 　　（Mazis-Chambertin） （3）貝日香貝丹 　　（Chambertin-Clos de- 　　Bèze） （4）香貝丹（Chambertin） （5）拉提歇爾－香貝丹 　　（Latricières-Chambertin） （6）夏貝爾－香貝丹 　　（Chapelle-Chambertin） （7）吉優特－香貝丹 　　（Griotte-Chambertin） （8）夏姆－香貝丹 　　（Charmes-Chambertin） （9）瑪若耶爾－香貝丹 　　（Mazoyères-Chambertin）
			莫瑞－聖丹尼 （Morey-Saint- Denis）	（1）蘭貝雷莊園 　　（Clos des Lambrays） （2）羅希莊園 　　（Clos de la Roche） （3）塔爾莊園（Clos de Tart） （4）聖丹尼莊園 　　（Clos St.Denis） （5）邦瑪爾（Bonnes-Mares）＊
			香波－蜜思妮 （Chambolle- Musigny）	（1）邦瑪爾（Bonnes-Mares）＊ （2）蜜思妮（Musigny）
			悟玖 （Vougeot）	梧玖莊園（Clos de Vougeot）

2 黃金坡地 （Côte d' Or）	夜丘地區 （Côte de nuits）	馮內－侯瑪內 （Vosne- Romanée）	（1）麗須布爾（Richebourg） （2）侯瑪內－聖維維旺 　　（Romanée-St.Vivant） （3）侯瑪內－康地 　　（Romanée-conti） （4）侯瑪內（La Romanée） （5）大街（La Grande Rue） （6）塔須（La Tâche） （7）埃雪索（Echézeaux） （8）大埃雪索 　　（Grands Echézeaux）
	博納丘地區 （Côte de Beaune）	拉都瓦 （Ladoix）	（1）高登－查里曼（Corton 　　Charlemagne）＊／白酒 （2）高登（Corton）＊／紅酒
		阿羅克斯－ 高登 （Aloxe- Corton）	（1）高登（Corton）＊／紅、白酒 （2）查里曼（Charlemagne） 　　＊／白酒 （3）高登－查里曼（Corton 　　Charlemagne）＊／白酒
		佩南－ 維哲雷斯 （Pernand- Vergelesses）	（1）高登（Corton）＊／白酒 （2）查里曼（Charlemagne） 　　＊／白酒 （3）高登－查里曼（Corton 　　Charlemagne）＊／白酒
		普里尼－ 蒙哈榭 （Puligny- Montrachet）	（1）歇瓦里耶－蒙哈榭 　　（Chevalier-Montrachet） （2）歡迎－巴達－蒙哈榭 　　（Bienvenues-Bâtard- 　　Montrachet） （3）蒙哈榭（Montrachet）＊ （4）巴達－蒙哈榭 　　（Bâtard-Montrachet）＊
		夏山尼－ 蒙哈榭 （Chassagne- Montrachet）	（1）蒙哈榭（Montrachet）＊ （2）巴達－蒙哈榭 　　（Bâtard-Montrachet）＊ （3）克利優－巴達－蒙哈 　　（Criots-Bâtard-Montrachet）

註：標＊的葡萄園跨在兩個鄉村內。

164

波爾多產區的葡萄酒等級如何劃分？

屬於海洋性氣候的波爾多產區位於法國西南邊，波爾多（Bordeaux）的古字義含有在水邊的意思（au bord de l'eau），產區南北縱深 105 公里，東西橫寬 130 公里的廣大土地，海拔度並不高，整個產區剛好被三條大河——基宏德河（Gironde）、加隆河（Garonne）、多荷多涅河（Dordogne）分隔成三大部分，葡萄園處於各河谷或丘陵地段上。基宏德河左岸是以礫石土為主的梅多克區，多荷多涅河北岸的里布內產區是以石灰黏土、砂石土為主，多荷多涅河南岸和加隆河交匯的兩河產區則是沖積的砂石、石灰黏土。酒農們會依環境的狀況採用最適合的葡萄來種植，再用他們累集的經驗來釀造、混酒、陳年。

大波爾多產區內共有 60 個法定產區，依其特性將它們歸為 6 個族群。

1. 波爾多和優級波爾多
（AOC Bordeaux & AOC Bordeaux Supérieur）。

2. 波爾多丘地（AOC Côtes de Bordeaux）。

3. 聖愛美濃、玻美侯、弗朗薩克
（AOC St. Emilion、Pomerol、Fronsac）。

4. 梅多克、格拉夫（AOC Médoc、Graves）。
5. 干性白酒（Vins Blancs Secs）。
6. 波爾多甜酒（Sweet Bordeaux）。

三種等級的波爾多酒

I. 大區域性的法定產區（Les Appellations Régionales）

1. 波爾多酒和優級波爾多酒（AOC Bordeaux & Bordeaux Supérieur）

72,000 公頃的普通級葡萄園，占波爾多大產區總面積的 61%。區內採收的紅、白葡萄，依照規定（含糖量、採收率、酒精度……等）釀成的紅、白、玫瑰紅酒，通過鑑定既可獲得普通等級的波爾多酒（AOC Bordeaux）證明。

（1）波爾多紅酒：散布在產區內不同的地段、方位和不同土質上，釀出的酒品質懸殊很大，各生產者都會選擇上好的葡萄來釀造、混酒，以求其和諧、穩定。一般不一定要陳年存放，新釀好的酒就可顯露出它的細緻、高雅、和諧，散發出茶藨子、紫羅蘭、輕微的櫻桃、胡椒味，尋找酒中的果香。澀度單薄、果香味多的酒都會盡快裝瓶上市，封閉的酒則做短暫的陳年，使澀度柔和、芳香，口感變得更複雜。搭配的菜餚範圍甚廣，從淺嚐的小菜、河魚，一直到

◀年度品酒嘉年華會場

佐餐用的白肉類和簡單烹調的紅肉類都是很好的結合，完全依照酒的特性而定。

（2）**波爾多白酒**：占了產量的四分之一，性干、大量的杏子、桃子等漿果味，夾雜著黃楊、染料木、洋槐等花香味，呈現出清鮮、微酸的平衡，合為一種強烈的芳香。搭配的菜餚從海產中的殼貝類到魚蝦，前菜冷盤到白肉類都非常適合。

（3）**波爾多玫瑰紅酒（rosé）**：同樣採用紅皮葡萄來釀造，壓榨時經過輕微的浸泡，獲得紅洋蔥或是鮭魚肉般的顏色，散發出花、果香味和香料味，口感微苦，可搭配簡單的冷盤。

（4）**淡紅色波爾多酒（Clairet）**：一種早年釀出的波爾多紅酒，目前還有廠商在釀造，但產量不大，對於葡萄的挑選比較嚴格，釀造時壓榨浸泡時間較長（通常為 48 小時，而前述的波爾多玫瑰紅酒

167

則為 12 小時），釀成後的結構、顏色、酒力都較玫瑰紅酒為強，有輕微的澀味，非常適合搭配亞洲食物、各種拼盤。一般都趁低齡期飲用，不宜保存，侍酒溫度以 11℃為宜。

（5）優級波爾多酒（AOC Bordeaux Supérieur）：產區內一些上好地段的產品，都要依照呈報的計畫作業，包括規格、種植、採收、釀造、品嚐，還要經過 12 個月的木桶陳年。種植面積約 9,000 公頃，產品幾乎都是紅酒，釀成後不得低於 10.5 度酒精。其顏色較深，散發出過熟的紅色水果與香料味，澀度適中與結構緊密堅實也

▼波爾多石橋

是其特色。等待兩、三年後再開瓶效果更佳，保存期也較一般級的
波爾多酒為長，適合搭配野味、家禽類、紅肉類或是精緻的乳酪。

2. 波爾多丘地（Côtes de Bordeaux）

　　產區內幾處陡斜的山坡地，種出的葡萄特別美好，釀成的酒具
有特別風味，這些存在已久的古老葡萄園於 2009 年更名為波爾多
丘地區酒（AOC Côtes de Bordeaux），後面加上四個地區名稱
（Blaye、Cadillac、Castillon 或是 Francs）。16,500 公頃的葡萄
園占了大產區面積的 14%，生產的幾乎全部是紅酒。

3. 波爾多氣泡酒（AOC Crémant de Bordeaux）

在 19 世紀就已存在了，1990 年晉升為 AOC 級，使用同樣的葡萄以香檳法釀造，但是產量並不多，幾乎都是白氣泡酒，玫瑰紅和紅氣泡酒產量極少。常在酒會、喜宴中取代香檳酒。

II. 明訂區域性的法定產區（Les Appellations Sous-Régionales）

有梅多克（Médoc）、格拉夫（Graves）、布萊業爾（Blayais）等產區。

III. 鄉村級的法定產區（Les Appellations Communales）

上梅多克區中的 6 塊土地——聖艾斯岱伕（St. Estèphe）、布宜雅克（Pauillac）、聖茱莉安（St. Julien）、瑪歌（Margaux）、里斯

▼聖愛美濃市

塔克（Listrac）、慕里斯（Moulis）的出品更優越又有獨特性，列為鄉村級法定產區，這些鄉村產區中還有等級的區別，它們只是介於城堡、莊園之間，而不是土地（terroirs）的比較。其他還有格拉夫區中的索甸、貝沙克雷奧良（Pessac-Léognan），里布內產區中的玻美侯（Pomerol）和聖愛美濃（St. Emilion），四個產區也是波爾多的鄉村級法定產區。

大區域性的法定產區

鄉村級的法定產區

明訂區域性的法定產區

1855年的等級劃分

中世紀時，波爾多的酒大量外銷到英國和北海諸國，多以木桶裝運，禁不起存放太久。到了18世紀，新品質的好酒出現，酒商們大量收購葡萄來釀造，或葡萄酒來陳年培養，然後裝在玻璃瓶中出售，從此就有了來源地和品質比較的概念。在以前，波爾多的酒也有等級的劃分，但不十分完善。1855年，拿破崙三世要求做正式的官方等級劃分，以便在當年的巴黎世界博覽會公布及介紹波爾多的美酒，這項任務交由波爾多地方商會主辦（Chambre de

Commerce de Bordeaux），由酒業專門人士負責工作，除了品質，價格也在考慮之內，當年基宏德地方共有 61 個城堡的紅酒被選中為等級酒莊（Crus Classés），其中 60 個城堡在梅多克（Médoc）區內，1 個城堡在格拉夫（Graves）區內。

梅多克區的等級城堡

　　當年入級的城堡分成五級，其中 4 個第一等級（premiers crus classés）、15 個第二等級（deuxièmes crus classés）、14 個第三等級（troisièmes crus classés）、10 個第四等級（quatrièmes crus classés）、18 個第五等級（cinquièmes crus classés），這種以城堡排名的制度，一百多年來幾乎沒什麼變動，只有在 1973 年時 Château Mouton-Rothchild 晉升為第一等級。這麼長久的時間，有的酒廠換主多次，或耕地的擴充，或隨著潮流經營理念的變更，這種等級劃分很難做為評判 Médoc 酒的唯一指標。

同年還有 27 個索甸區、巴薩克區的白甜酒被選入級：

1 個超等級（premiers cru Supérieur）、
11 個第一等級（premier crus）、
15 個第二等級（seconds crus）。

梅多克區的中產階級酒莊（Les Crus Bourgeois du Médoc）

15 世紀時，波爾多梅多克地方允許中產階級人士向上一階層的地主們購買土地，他們選了該區最佳的土地來種植葡萄，從那時起就有「Cru Bourgeois」的名詞了，但是沒有出現於 1855 年的等級劃分。

1932 年由地方商會和基宏德農會所組成非官方性的梅多克區中產階級酒莊等級劃分。2003 年起，這些酒莊被要求，在進行釀造各

▼索甸區，午後的太陽。

階段的工作時，都要依照原呈報的計劃去做，還要接受定期品嚐和嚴格的查驗。2008 年有 243 個莊園通過官方鑑定為「中產階級酒莊」。這種鑑選在每年 9 月舉辦一次。最近 2011 年官方鑑定 256 種酒入級，年產量有 2,800 萬瓶，占了梅多克產量的 30%，4,400 公頃的葡萄園占梅多克 25% 的土地，40% 產品外銷世界各地。酒標上並不一定要顯示出「Crus Bourgeois」的字。

聖愛美濃區的等級劃分

1954 年，應聖愛美濃地方公會的要求，INAO 對本區的酒進行了等級劃分，並裁決以後每 10 年校正一次。1958 年稍微修正了等級，1969 年做了第二次的劃分，1985 年（代替 1979 年）做第三次的劃分。1996 年又有第四次的劃分，2006 年的第五次劃分引起爭議，使得 2012 年的劃分結果也略有變動：公布了 18 個第一特別等級（premiers grands crus classes，其中 4 個城堡屬於 A 組、14 個城堡屬於 B 組），以及 64 個特別等級（grands crus classes）。

玻美侯的等級劃分

它是唯一沒有正式官方等級劃分的產區。

格拉夫的等級劃分

在 1855 年等級劃分時，本區只有 Château Haut-Brion 城堡進入第一等級；1959 年的官方等級劃分，沒有任何城堡通過，但有 16 個酒莊的產品獲選入圍，只註明 Cru Classé，沒有等級的意義。

波爾多和布根地
兩種紅葡萄酒的比較

這 兩大產區的酒，最大不同之處是使用的葡萄。

波爾多紅酒主要的是使用卡本內－蘇維濃、卡本內－弗朗、梅洛三種葡萄和極少數的瑪爾貝客、小維鐸（Petit Verdot），剛上市的酒果香味極多，其特色就是各葡萄混合的比例。

在梅多克地區，使用卡本內—蘇維濃葡萄的成分較高，釀成的酒顏色深、澀度高，有特別的香草味、黑色水果味（黑茶藨子、櫻桃、李子、桑葚）、植物的青香（青椒），成熟後則有烘培、咖啡、菸草、果醬、甘草、皮革味。抗氧化力強，釀成的酒也醇，口感緊密，可以長期儲存。

基宏德河右岸的里布內地方，石灰黏土成分多，非常適合梅洛葡萄的栽種，各酒莊使用的比例大大地提高了，釀成的酒不酸、澀度較低，因此口感柔軟，酒精度多，酒也強勁，置放一段時間熟成後，散發出蘑菇、松露、皮革、烏梅味，這種酒多出現在聖愛美濃地方。

鄰產區玻美侯土中的礫石、黏土成分提高了，剛好是卡本內—弗朗葡萄最佳表現處，這種葡萄的單寧沒有卡本內—蘇維濃葡萄那麼多，釀出的酒十分芳香，特別是有覆盆子、紫羅蘭、灌木、桂皮、杏仁味和綠椒香，酒成熟後會散發出麝香、松露、菸草味，十分強勁。

產區管制（AOC）中，對於葡萄種植界線的釐定都有相當的規定，各等級酒莊都在法定範圍內，利用他們的土地種出最適合的葡萄來釀製及調配。為了尋求酒中的平衡，一些酒農們視情況也會加入點瑪爾貝客葡萄（帶來顏色和甜味）、小維鐸葡萄（給酒帶來澀度，適合久存）。

相對地，釀造布根地紅酒只採用單一的黑皮諾葡萄釀造（馬貢區可加入加美葡萄），這種嬌氣的葡萄，對於成長的環境非常挑剔，天氣太冷，葡萄不能成熟，太熱則成熟得太快，都不能顯出它原有

的特色。釀出的酒沒有卡本內葡萄那麼澀，顏色較淺，酸度高，無特別代表性的香味，要依其出產地和時間的變化來辨認。

布根地全區的土地變化極為複雜，都反射在酒中，也讓布根地產品披上一層神祕的面紗。土地就是布根地酒的特色。一般而言，布根地酒低齡時偏向於果香（覆盆子、櫻桃等味），較長時則會有黑茶蘼子、香料味，再久則變成帶有動物羶腥、麝香、松露、草莓味。口感細膩，堅實、強勁而高雅。在產區南邊的馬貢區出產的紅酒不多，採用加美、黑皮諾葡萄釀製，有大量的紅色水果味，紅寶石般的顏色中反射出紫羅蘭光，口感柔和，不宜久存。

黑皮諾

布根地

北隆河谷和南隆河谷兩地紅葡萄酒的比較

位於法國南邊的隆河谷產區分成南、北兩大部分：隆河從北流經地勢陡斜的羅弟丘（Côte Rôtie），到了艾米達吉（Hermitage）附近又和阿爾卑斯山系的依瑟河（Isère）匯合後再向南流。冰河末期地殼變動，洶湧的河水夾帶著大量的崩塌岩土、石灰黏土，混著礫石和卵石，到了南邊的平臺地上，速度減緩，也開始慢慢地沉積，形成了今日不同層次的可耕地。

北邊一帶葡萄園的土地是由中央山脈系的片頁岩、火成岩組成，非常適合種植希哈葡萄，一般的產品都是單一葡萄釀造，釀成的酒從深石榴色、紅寶石色到深紫色都有，視產區而定。有大量的紫羅蘭香味，茶蘼子、桑葚、焦烤、皮革及酒漬水果味，口感細緻、圓潤、強勁，澀度堅實、茸柔而緊密，後口感也長。為了增加芳香，羅弟丘的酒可添加一點維歐尼耶白葡萄，艾米達吉的酒可略加些瑪珊（Marsanne）、瑚珊（Roussanne）白葡萄一起釀造。

艾米達吉產區位在隆河左岸，同時受到依瑟河沖積土的影響，土地結構較複雜，各部位的出產都具有引人注目的特性和差異，雖

然艾米達吉是唯一產區的名字（官方認定），當地的酒農把全區劃成若干區塊，貫以地籍名稱，常標示於酒標上，表示葡萄的來源地，該塊土地可反映出酒的特性。

幾個較大的區塊如下：

1. Varogne：酒性奔放。

2. Bessards：酒的結構堅強、有成熟的花香味，較同區的酒更圓潤、後口感更長。

3. La Chapelle、l'Hermite：葡萄園位於 Bessards 的上方，土中鈣成分多，白酒高超，散發出礦石味。紅酒堅實，但酒體較弱，多混合釀製。

4. Le Méal：方位極佳的葡萄園，紅酒高雅、堅固，具複雜的香氣，散發出濃郁的黑茶藨子味，極似波爾多酒。

5. Chante Alouette：葡萄園位於 Le Méal 上方，出產的白酒極為出名。

6. Les Greffieux：酒芳香柔和，常和別區混合釀造。

7. Rocoules：白酒細緻芳香，紅酒品質極佳，兩者產量都不多。

8. Murets、Diogniéres、l'Homme、la Croix：4 塊位於產區最

右端的土地，出產的白酒細緻、圓潤、酒體也佳。紅酒較其他土地的產品為淡。

南邊產區幅員遼闊，土地變化也大，非常適合格那希葡萄的生長，釀成後可在任何的時間飲用，酒的品質和特色也懸殊，油亮的嫣紅色，酒香味十足（紅色水果、白胡椒、焦烤味），衝勁大，微甜，如果酒中混有希哈葡萄，或慕維得（Mourvèdre）葡萄，這類的酒散發出黑、紅色水果、梅子、紫羅蘭、甘草、胡椒、果醬、肉桂味，香料味重，特別是胡椒味，陳年後有皮革、礦石、灌木的青澀味。教皇新堡酒（Châteauneuf-du-Pape）即為典型的南隆河谷代表產品。

隆河谷地區的酒變化多端，它們的陳年過程（存放期）不太容易評估，特別是理想的飲用時期。一瓶隆河谷的酒，首先要知道出自哪個獨立的小產區，或是哪種葡萄釀成的，兩種因素都影響了酒的特性。從普通級的小酒到品質高的美酒，裝瓶後的 1～2 年內都適合品嚐飲用，之後就有不同的變化，希哈葡萄有 1～6 年的搖擺、封閉期，這段時間不易顯露出其特性，尤其是希哈葡萄成分多的酒。

地區餐酒（LES VINS DE PAYS）是什麼？

19 世紀末期，全法受到根蚜蟲的肆虐，幾乎摧毀了所有的葡萄園，導致葡萄酒缺乏，市場上出現假酒和人工酒。於是官方在 1905 年時設立假酒防範管制機構。到了 20 世紀初，葡萄園重建的速度過快，導致生產量過剩，造成葡萄酒價格下跌，形成惡性競爭。第一次世界大戰期間收成不好，但是戰後隨即恢復，直至 1930 年代再一次的生產過剩，以致市場混亂。

為了穩定全國市場，法國政府在 1935 年設立國家原產物管理局（INAO），並成立「法定產區管理制度」（AOC）。到了 1949 年，國家原產物管理局也負責「優良產區」（VDQS）酒的管制。1964 年，在日常飲用的餐酒中，首度出現一種較有特殊性的「地區餐酒」，在銷售上獲得很多的利益，到 1968 年時，這種地區餐酒已趨於正式化，並制定一些釀造的條文規章，明確指出了出產地段，並包括葡萄品種和酒精度，1979 年正式公布，地區餐酒介於桌邊餐酒（vin de table）和 AOC 級（當時為 VDQS 級）之間。

釀造地區餐酒過程中需遵守的事項

1. 採收率不能超過 90 百升／公頃，釀成後酒精度不得低於 9 度（地中海區為 10 度），最高為 15 度。

2. 二氧化硫的含量，紅酒最高是 125 毫克／公升，白酒、玫瑰紅不能超過 150 毫克／公升。

3. 上市前要經過國家酒業檢驗所（Office National Interprofes -sionneldes Vins）組成的委員會品嚐檢驗通過。

地區餐酒的酒標跟 AOC 級的酒一樣，必須和瓶中酒相符，酒標內容含有：

1. 註明「地區餐酒（Vin de Pays）」和它來自的地區，例如「Vin de Pays d'Oc」。

2. 酒精的含量、容量。

3. 法國出產。

4. 釀造或是裝瓶的公司行號。

5. 避免和同產區中其他等級酒混淆，酒標上不用 château、clos 字眼。

地區餐酒的類別

地區餐酒的葡萄園分散在整個法國，這種形形色色的地方性葡萄酒難以勾勒出一種典型，可依據它們的地理狀況分成三大類：大區域性（Vins de Pays à dénomination régionale）、省級性（Vins

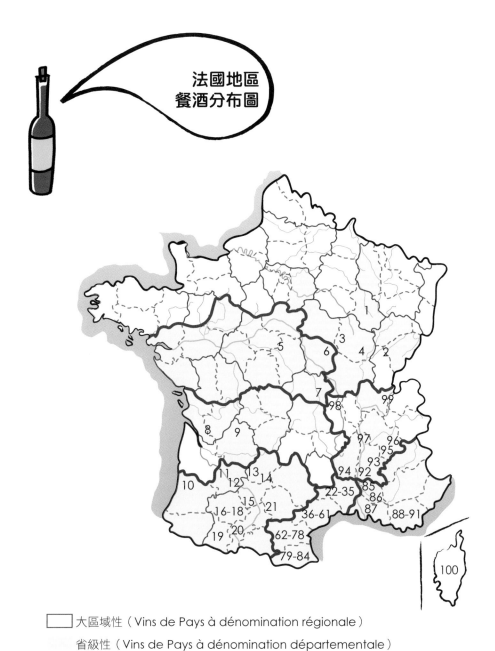

法國地區
餐酒分布圖

大區域性（Vins de Pays à dénomination régionale）

省級性（Vins de Pays à dénomination départementale）

1-100 地方性（Vins de Pays à dénomination locale）

de Pays à dénomination départementale）、地方性（Vins de Pays à dénomination locale），它們只是一種行政劃分，並沒有級別的意義。

1. 大區域性（**Vins de Pays à dénomination régionale**）：

（1）Vin de Pays du Jardin de la France

（2）Vin de Pays des Comtés Rhodaniens

（3）Vin de Pays d'Oc

（4）Vin de Pays du Comtés Tolosan

2. 省級性（**Vins de Pays à rénomination départementale**）：

1	洛林（Lorraine）、 香檳 - 阿丹 （Champagne-Ardenne）、 弗朗茨 - 孔泰 （France-Comtés）	Vin de Pays de la Meuse Vin de Pays de la Haute-Marne Vin de Pays de la Haute-Saône Île-de-France Vin de Pays de la Seine-et-Marne
2	布根地（Bourgogne）	Vin de Pays de l'Yonne Vin de Pays de la Côte d'Or Vin de Pays de la Nièvre Vin de Pays de Saône-et-Loire
3	羅亞爾河山谷 （Vallée de la Loire）	Vin de Pays de la Loire-Atlantique Vin de Pays du Maine-et-Loire Vin de Pays de la Vendée Vin de Pays de la Sarthe Vin de Pays du Loire-et-Cher Vin de Pays du Loiret Vin de Pays de L'Indre-et-Loire Vin de Pays de L'Indre Vin de Pays du Cher

4	利木贊（Limousin）、 奧維涅（Auvergne）	Vin de Pays de la Haute-Vienne Vin de Pays de la Creuse Vin de Pays de la Corrèze Vin de Pays de l'Allier Vin de Pays du Puy-de-Dôme
5	普瓦圖 - 夏恆特 （Poitou-Charentes）、 阿基坦（Aquitaine）	Vin de Pays des deux-Sèvres Vin de Pays de la Vienne Vin de Pays de Charente-Maritime Vin de Pays de Charente Vin de Pays de la Dordogne Vin de Pays du Lot-et-Garonne Vin de Pays des Landes Vin de Pays des Pyrénées-Atlantiques
6	南部 - 庇里牛斯 （Midi- Pyrénées）	Vin de Pays du Lot Vin de Pays de l'Aveyron Vin de Pays du Tarn Vin de Pays du l'Ariège Vin de Pays de la Hautes-Garonne Vin de Pays des Hautes-Pyrénées Vin de Pays du Gers Vin de Pays du Tarn-et-Garonne
7	蘭格多克 - 乎西雍 （Languedoc-Roussillon）	Vin de Pays du Gard Vin de Pays de l'Hérault Vin de Pays de l'Aude Vin de Pays des Pyrénées-Orientales
8	普羅旺斯 - 阿爾卑斯 - 藍色海岸 （Provence-Alpes-Côtes d'Azur）	Vin de Pays du Vaucluse Vin de Pays des Bouches-du Rhône Vin de Pays du Var Vin de Pays des Alpes-Maritimes Vin de Pays des Alpes-de-Hautes-Provence Vin de Pays des Hautes-Alpes
9	隆河 - 阿爾卑斯 （Rhône-Alpes）	Vin de Pays de la Drômes Vin de Pays de l'Ardèche Vin de Pays de l'Isère Vin de Pays de l'Ain

3. 地方性（Vins de Pays à dénomination locale）

地方性的葡萄園在地界圈劃上更明確，它們位在一個省內、跨省或是多個葡萄園共處同一省內，全法國一共有 100 處地方性的葡萄園：

1	Vin de Pays des Coteaux de Coiffy	18	Vin de Pays de Côtes de Gascogne
2	Vin de Pays de France-Comté	19	Vin de Pays de Bigorre
3	Vin de Pays de Coteaux de l'Auxois	20	Vin de Pays de St.Sardos
4	Vin de Pays de St.Marie-la-Blanche	21	Vin de Pays des Côtes du Tarn
5	Vin de Pays des Coteaux du Cher et de l'Arnon	22	Vin de Pays de Sable du golfe du Lion
6	Vin de Pays de Coteaux Charitois	23	Vin de Pays Duché d'Uzès
7	Vin de Pays du Bourbonais	24	Vin de Pays des Cévennes
8	Vin de Pays Charentais	25	Vin de Pays de la Vistrenque
9	Vin de Pays du Périgord	26	Vin de Pays des Côtes du Vidourle
10	Vin de Pays des Terrois Landais	27	Vin de Pays de la Vaunage
11	Vin de Pays de Thézac-Perricard	28	Vin de Pays des Coteaux de Cèze
12	Vin de Pays de l'Agenais	29	Vin de Pays des Coteaux du pont du Gard
13	Vin de Pays de Coteaux de Glanes	30	Vin de Pays de Côtes du Ldibrac
14	Vin de Pays de Coteaux de Quercy	31	Vin de Pays de Coteaux Flaviens
15	Vin de Pays de Coteaux de Terrasses de Montauban	32	Vin de Pays de Coteaux Cévenols
16	Vin de Pays de Côtes de Montestruc	33	Vin de Pays du Mont Bouquet
17	Vin de Pays de Côtes du Condomois	34	Vin de Pays d'Uzès

187

70	Vin de Pays des Côtes de Perpignan	86	Vin de Pays de la Principauté d'Orange
71	Vin de Pays des Coteaux de la Cabrerisse	87	Vin de Pays de la Petite Crau
72	Vin de Pays des Hauts de Badens	88	Vin de Pays des Coteaux du Verdon
73	Vin de Pays du Torgan	89	Vin de Pays de Mont-Caume
74	Vin de Pays des Côtes de Lastours	90	Vin de Pays des Maure
75	Vin de Pays du val de Cesse	91	Vin de Pays de d'Argens
76	Vin de Pays de la Vallée du Paradis	92	Vin de Pays du Comté de Grignan
77	Vin de Pays des Coteaux de Miramont	93	Vin de Pays des Coteaux des Baronnies
78	Vin de Pays d'Hauterive	94	Vin de Pays des Coteaux de l'Ardèche
79	Vin de Pays de Coteaux Cathares	95	Vin de Pays des Balmes Dauphinoises
80	Vin de Pays des Val d'Agly	96	Vin de Pays des Coteaux du Crésivaudan
81	Vin de Pays des Coteaux des Fenouillèdes	97	Vin de Pays des Collines Rhodaniennes
82	Vin de Pays Catalan	98	Vin de Pays d'Urfé
83	Vin de Pays des Côtes Catalanes	99	Vin de Pays d'Allobrogie
84	Vin de Pays de la Côtes Vermeille	100	Vin de Pays de l'Île de Beauté
85	Vin de Pays d'Aigues		

是否要選擇二軍酒？

—— 杯香氣誘人的等級美酒（cru classé），當然會吸引許多的愛好者，但並非所有的消費者都能接受這種高昂的價格，於是有種帶給人美好想像，和正牌酒有相同脈源的二軍酒（Second vin）便脫穎而出。

葡萄樹大約有 60 ～ 70 年的壽命，新栽種的幼苗必須等到 4 年後，所產生的葡萄才能進入 AOC 的門檻，在最初生長的幾年裡，樹根只是在淺土層中吸取有限的養分，釀出的酒很清淡，要到 7 年後的收成才能進入正常狀況。一些城堡為了保持品牌的聲譽和水準，常把幼樹的產品以另一種品牌出售，這就是常說的副產品「二軍酒」。

雖然二軍酒在 18 世紀時就已經出現過了，可是所見不多，20 世紀初，波爾多的拉菲城堡（Château Lafite Rothschild）推出一款出名的二軍酒——卡乎雅得（Carruades de Lafite）。到了 1980 年代以後，有一些波爾多區的城堡，尤其是擁有廣大土地的城堡或酒商，也都陸續推出二軍酒。他們採用幼樹的葡萄，或是在釀造上未能符合佳酒（Grand Vin）水準的葡萄，進而研發出第二品牌，於是二軍酒大量出現在市面上。

一些擁有廣大土地的酒莊，每塊葡萄園的方位都有差異，加上

年份、樹齡等等，出產的葡萄都會影響到未來的釀造成果。有些城堡對葡萄極為挑剔，即使採用老樹上的葡萄，有時在天氣差的年份或是釀造上有瑕疵，而沒有達到滿意的程度，也會以二軍酒的名義，或是降一等級出售。

　　超過 30 年樹齡的葡萄樹，其葡萄的生產量開始下降，但出自於老樹的酒又特別甘美，酒農必須在品質和產量之中擇一，來符合市場的需求和經濟的效益。一般都會採取更換部分老樹來顧其兩全。

　　同樣的酒莊所釀出的二軍酒，較正牌的酒為柔和，存放的時間較短，但是它們也擁有同樣的特性，一樣高雅、芳香或是強勁，最大的區別在於價格上的懸殊。選購二軍酒時，首先要注意年份，好年份的出產品質水準極近，除非是業主、行家，一般人很難分得出它們的高下。在普通年份的二軍酒則會有些差距表達的空間。

▶二軍酒。

在商場上競爭，各城堡也都不斷地提高自己品牌的水準，目前釀造二軍酒有逐漸增加的趨勢，再也不限於等級酒莊（cru classé）之間，一些中產階級酒（cru bourgeois）的城堡也爭相跟進。更有些頂級城堡為了保持二軍酒的水準進而釀造三軍酒，但是為數不多。

除了波爾多產區之外，其他產區也有二軍酒的存在，當地的酒農把釀成的二軍酒以正牌（酒莊）名稱命名，但是在酒標上會註明「○○○ cuvées 或是○○○法釀造」。要選擇一瓶頂級的二軍酒，還是等級、中產階級的正軍酒就看個人的口味了。

梅多克地區的二軍酒

1. 第一等級的城堡（Premier grands crus classés）

產區	城堡	二軍酒城堡
布宜雅克產區（Pauillac）	Château Latour	Les Forts de Latour
	Château Lafite Rothschild	Carruades de Lafite
	Château Mouton Rothschild	Petit Mouton
瑪歌產區（Margaux）	Château Margaux	Pavillon Rouge
貝沙克雷奧良產區（Pessac-Léognan）	Château Haut-Brion	Le Bahans Haut Brion Le Clarence Haut Brion

2. 第二等級的城堡（Deuxième grands crus classés）

產區	城堡	二軍酒城堡
聖艾斯岱伕產區 （Saint-Estèphe）	Château Cos d'Estournel	Les Pagodes de Cos
	Château Montrose	Dame de Montrose
布宜雅克產區 （Pauillac）	Château Pichon Longueville-Baron	Les Tourelles de Longueville
	Château Pichon Longueville-Comtesse de Lalande	Réserve de la Comtesse
聖茱莉安產區 （Saint-Julien）	Château Léoville-Las Cases	Le Petit Lion du Marquis de Las Cases
	Château Léoville-Barton	La Réserve de Léoville-Barton
	Château Léoville-Poyferré	Le Ch.Moulin-Riche
	Château Gruaud-Larose	Sargent de Gruaud-Larose
	Château Ducru-Beaucaillou	La Croix de Beaucaillou
瑪歌產區 （Margaux）	Château Rauzan-Ségla	Ségla
	Château Rauzan-Gassies	Le Chevalier de Rauzan-Gassies
	Château Durfort-Vivens	Relais de Durfort-Vivens
	Château Lascombes	Chevalier de Lascombes
	Château Brane-Cantenac	Baron de Brane

3. 第三等級的城堡（Troisième grands crus classés）

產區	城堡	二軍酒城堡
聖艾斯岱伕產區 （Saint-Estèphe）	Château Calon-Ségur	Marquis de Calon
聖茱莉安產區 （Saint-Julien）	Château Lagrange	Les Fiefs de Lagrange
	Château Langoa-Barton	Lady Langoa
瑪歌產區 （Margaux）	Château Boyd-Cantenac	Jacque Boyd
	Château Cantenac-Brown	Bio de Cantenac-Brown
	Château Desmirail	Initiale de Desmirail
	Château Ferrière	Les Remparts de Ferrière
	Château Kirwan	Les Charmes de Kirwan
	Château d'Issan	Blason d'Issan
	Château Giscours	La Sirène de Giscours
	Château Malescot St. Exupéry	Dame de Malescot
	Château Palmer	Alter Ego de Palmer
	Château Marquis-d'Alesme Becker	Marquis d'Alesme
上梅多克產區 （Haut Médoc）	Château La Lagune	Moulin de la Lagune

4. 第四等級的城堡（Quatrième grands crus classés）

產區	城堡	二軍酒城堡
聖艾斯岱伕產區 （Saint-Estèphe）	Château Lafon-Rochet	Pélerins de Lafon-Rochet
布宜雅克產區 （Pauillac）	Château Duhart-Milon-Rothschild	Moulin du Duhart
聖茱莉安產區 （Saint-Julien）	Château Beychevelle	Amirale de Beychevelle
	Château Branaire-Ducru	Duluc Branaire-Ducru
	Château Talbot	Connetable de Talbot
	Château Saint-Pierre	
上梅多克產區 （Haut Médoc）	Château La Tour Carnet	Douves du Ch. La Tour Carnet
瑪歌產區 （Margaux）	Château Marquis de Terme	Les Gondats de Marquis de Terme
	Château Pouget	Tour Massac
	Château Prieuré-Lichine	Le Cloître du Ch.Prieuré-Lichine

5. 第五等級的城堡（Cinquième grands crus classés）

產區	城堡	二軍酒城堡
聖艾斯岱伕產區 （Saint-Estèphe）	Château Cos Labory	Le Charme de Cos Labory

產區	城堡	二軍酒城堡
布宜雅克產區 （Pauillac）	Château Pontet-Canet	Les Haut de Pontet
	Château Batailley	
	Château Haut-Batailley	Latour l'Aspic
	Château Grand-Puy-Ducasse	Prélude à Grand-Puy-Ducasse
	Château Haut-Bages-Libéral	1.La Chapelle de Bages
		2.La Fleur de Haut-Bages-Libéral
		3.Le Pauillac de Haut-Bages Libéral
	Château Grand-Puy-Lacoste	Lacoste Borie
	Château Lynch-Bages	Echo de Lynch-Bages
	Château Lynch-Moussas	Les Haut de Lynch-Moussas
	Château Clerc-Milon	
	Château Pédesclaux	Sens de Pédesclaux
	Château d'Armailhac	
	Château Croizet Bages	La Tourelle de Croizet Bages
瑪歌產區 （Margaux）	Château Dauzac	La Bastide Dauzac
	Château du Tertre	Les Haut du Tertre
上梅多克產區 （Haut Médoc）	Château Belgrave	Diane de Belgrave
	Château de Camensac	1.Closerie de Camensac
		2. Bailly de Camensac
	Château Cantemerle	Les Allées de Cantemerles

如何製作陳年用的木桶？

釀造等級葡萄酒的最後階段是「木桶陳年」，是用時間來緩和酒中的酸澀度。儲存在木桶中的葡萄酒，長期與木壁接觸，靠著木材透氣的功能，使桶中的美酒做適度的氧化來穩定酒的結構，同時吸收了木質中的單寧（澀味）與香味，以及製造木桶過程中，因烘焙而產生的糖蜜、燒烤、菸草、香草等等的氣味混入酒中，最後變成了瓊漿玉液。木桶陳年並不是必須的環節，許多產區為了保持原有產品的風味和清鮮度，釀好之後就直接裝瓶上市了，如果再經歷「木桶陳年」的手續，擔心木香味壓過了原有的酒香而失去平衡。但是結構堅強的葡萄酒，經過木桶陳年之後，酒則變得更具有複雜的香味，口感圓潤且順口易飲。

1. 製造

一般多選用與酒相襯的木材來製造木桶，在法國各大產酒區附近有很多橡樹林，這些橡樹自然成為製造木桶的選材，而且效果很好。味道太澀或太香濃的木材，像是板栗樹、松樹等，也會被斟酌使用。歷史上並沒有記載木桶的發明者，自古以來人類就已經會使用挖空的樹段來存放東西；西元前 51 年，高盧人對抗羅馬士兵的戰爭中，就在老舊的木桶中塞滿了燃燒的硝石和油脂滾向羅馬人的陣營。克勞德（Claude）大帝出征時，在船上改用木桶取代土罈來搬

運酒水。到了查理曼大帝時，更有桶業官吏專司葡萄酒方面的事務。由此可見，木桶業在法國發展甚早。到了今日，專業師傅仍在那種簡陋的廠房裡，使用那些掛滿牆上的古老工具，在黯淡的燈光下靠著一雙手默默地製造木桶。

2. 選木

每片樹林裡出產的木頭材質都不一樣，甚至不同的部位長出的樹形也有差別，因此會依照製造的需要進行適當挑選，然後將樹幹鋸成不同的尺寸，再送到工廠以手工劈成條塊狀，置放於戶外 3 年使其自然風乾，一來緩和橡木中的酸澀味，二來防止日後木條變形。

3. 組合

風乾過的木條再由專業人員查驗每塊木條是否能達到製造木桶的標準，每個木桶需要使用 32 片木條，其中一塊木片比較寬厚，為的是穿鑿洞口。做桶師傅熟練地依木條的寬窄形狀拼合成一裙狀木桶的外殼，組好外殼的一端先用鐵箍固定。

4. 成型

裙狀的木桶殼置放在一燃燒木屑的小火盆上，先做輕微的烘焙，目的是讓受熱過後的木材更具彈性且易於操作，之後再用一鋼索絞盤，慢慢地收緊桶殼的下端，同時加上鐵箍固定（現在多由機器操作），形成木桶的雛型，接著做第二次的烘焙。

5. 烘焙

　　第二次烘焙的目的是清除木材中的雜質物，存在木材中的天然糖分也因受熱變成糖漿，散發出香草、糖蜜、菸草、茶等香味。火候的輕重是根據日後的用途來做決定。用來儲存干邑的木桶要比儲存紅葡萄酒的木桶烘焙得重些，而儲存白酒的木桶烘焙得較輕微。烘焙完成的木桶，再經過切割修整、加蓋、打光等手續，一個釀酒的橡木桶就這樣完成了。

6. 容積

　　木桶容積的大小會影響陳年變化的速度，各產區都依葡萄酒的特性來選擇與決定儲存木桶的容積。一般布根地產區的木桶容積是228 公升，波爾多產區是 225 公升。

7. 選桶

　　選用新、舊木桶來存放葡萄酒的效果也不一樣，每片樹林的木材質地也不盡相同。法國北邊的橡木纖維緊密，單寧釋放速度慢，存放時間要長些。中部地區的出產選擇較多，黎慕桑地區的紋理粗、單寧大，適合儲放干邑酒。因葡萄酒的特性差異大，很多城堡在酒的陳年過程中，會更換不同的木桶來吸收不同木質的香味，以增加酒的複雜性。

　　但也需要注意一些狀況，全新木桶中的單寧強且香味繁多，只有結構堅強且品質好的酒才能承受得住，一般的酒多選用 1～3 年的舊木桶陳年就可以了，否則木桶味壓過酒中的果香味時，會失去

▲挑選過的樹木用手工直劈成條狀。

▶依木條的寬窄形狀拼合成一裙狀木桶的外殼。

◀烘焙完畢準備加蓋收底。

▲上鐵箍固定、打邊、磨光。

◀組合成的木桶需用小火烘焙內部。

199

平衡。如果材質不良，木桶使用3年之後就不會再給酒帶來任何有利的變化。在法國，多採用孚日（Vosges）、阿里耶（Allier）、通穗、黎慕桑、那維（Nevers）等山區出產高品質的橡木來製桶。

以往多用巨型的大木槽做酒精發酵的容器，現在多以不銹鋼槽取代，但後者投資昂貴，有些酒農無法負擔得起，尤其在法國東、南邊的產區，仍有不少酒農還在使用祖傳的工具，也別有一番風味。美國出產的橡木桶香氣較濃郁，有時顯得橡木味過重，用法國橡木桶陳年後葡萄酒的結構變得堅強，再融合了果香，味道更複雜。

◀木桶完成。

軟木塞對酒有哪些
關鍵性的作用？

葡萄酒是一種有生命的液體，在裝瓶之後還會隨著時間有各階段的變化，這是它和烈酒不同的地方。變化的快慢除了本身的結構因素外，存放的地點與使用的瓶塞也占了相當重要的一環。一般不能存放的葡萄酒，不必使用價值高的軟橡木塞來增加成本，多半以合成塑膠或鐵蓋充當瓶塞；品質較好的葡萄酒，幾乎都是用軟橡木來做瓶塞，它具有韌性且柔軟，易於操作，塞入後可緊貼瓶頸的內壁，並因長期受潮而膨脹，木質本身又有樹膠脂，即使橫放在酒架上，瓶中酒也不致流出來。在漫長的歲月中，微量的空氣靠著纖細的木孔滲入瓶內和酒接觸，靜靜地變化。

1. 產地

製造軟木塞的材料，來自一種稱為列日（Liège）軟皮橡木的樹皮，原產地在地中海四周。這種樹木生長在不含鈣的矽質土中，即使土地貧瘠也可生長，但它需要大量的日照，天氣不能太冷，而且要有相當的溼度，因此樹林多聚集在朝向大西洋的葡萄牙南邊和西班牙一帶生長，北非地方也有相當多的產量，法國南邊、科西加島和義大利只占極少的部分。

2. 採割樹皮

　　Liège 這種軟皮橡樹一般高約 10 ～ 12 公尺，而在北非地區可長到 15 ～ 20 公尺高，樹齡約 100 ～ 200 年，如果是沒有被剝過皮的樹木，可活到 300 年。一般幼樹要等到 25 年後才可做第一次的「剝皮」採割，之後每 9 ～ 12 年才能再採收一次。傳統上，是以人工方式用一種特製的利斧採剝樹皮，但是初期無法達到做瓶塞的水準，通常都拿來用於建築方面，直到第三次採割的樹皮才可用來做瓶塞。

3. 製造

　　剝下的樹皮先露天放置約 9 ～ 12 個月，終止樹皮內部組織繼續生長，然後依形狀切割，送進鍋爐內做熱處理，一方面是殺死木材中所有的細胞，二來是要獲得相當的溼度，使木塞有強大的韌性。處理過的軟木板再依品質歸類。木質的優劣取決於樹林的位置和土壤的結構，產量的多少則和當年的氣候有關。軟木板送到製造商的

◀切割出的軟木塞。

手中，依其用途切成不同尺寸的薄條，再送入機器內切割成瓶塞，經過挑選，刪除不合格的產品後，還要經過清潔處理，避免黴菌生長。

4. 類型

（1）自然型：直接出自薄條的軟木塞，依用途可分為幾種尺寸，長度介於 30 ～ 54 公釐之間，較長的瓶塞通常使用在可以存放的陳年老酒上。

（2）改良型：有些軟橡木的材質空隙多而大，所以製作瓶塞時會在它的外壁填入軟木粉末。如果酒瓶直立放置太久導致瓶塞乾縮，開瓶時，軟木粉末就可能掉入酒中，必須留心。

（3）壓榨型：在切割的木條中，只有 30% 適合做自然型的瓶塞，剩下的會搗成粉末狀，混入膠水後再放入模內壓成瓶塞。

5. 香檳瓶塞

它的直徑較粗，是為了抗壓。為確保瓶塞的密封度，處理過的樹皮先切成條塊狀，再壓切出瓶塞，在內端的部分加上兩層極好的軟橡木片。香檳塞在塞入瓶頸後因受到內部壓力的影響，開瓶後則成「裙狀」，如果香檳存放過久，開瓶後的瓶塞則趨向於直桶狀。

▲香檳瓶塞的內層加上兩層極好的軟橡木片。

6. 瓶塞味

　　在餐廳或酒館中，開酒後先要聞一下瓶塞是否有異味，如果酒中有不正常的味道，顧客有權利要求更換同類的酒。瓶塞有怪異味的原因很多，如放置的場所太潮溼導致軟木塞發黴、採用的樹木生病、釀造的葡萄出問題、儲存的木桶太舊或清洗不乾淨或是受熱所致等等。長年儲存在地窖或酒櫃內的葡萄酒，其瓶塞與酒液接觸甚久，應該是充滿酒香味。

何謂酒的年份？

年 份（millésime）對葡萄酒來說，就是葡萄收成時當年的氣候狀況，由於每年天氣的變化，葡萄的生長狀況也不一樣，釀出的酒不可能完全相同，即使葡萄出自於同一塊土地上，並以同樣的方式釀造，外貌雖然非常相似，但它們的特性還是會有很大的區別。

天氣不是人的能力所能操控的，在法國，因為受了地形、地貌和地中海氣候的影響，出產的葡萄酒對於氣候的變化比較敏感，而一些氣候較熱的地中海沿岸國家，或是葡萄園較平坦的新世界出產國，年份和葡萄酒之間的關係相對影響較小。

每年春天 4、5 月的時候，葡萄樹就會發芽、開花。如果天氣熱，開花期就會提早，日照需充足，才不致於造成落花現象，同時還要有風力來散播花粉，受粉率提高，生產量才足夠。如果天氣冷，拖延了開花和結果期，不能趕在百日成熟期之內讓葡萄接受更充足的日照，釀出的酒就顯得不夠豐厚了。

在葡萄生長期間，如果有強烈的日照，促使溫度升高，即使照射時間不長，葡萄成熟後的含糖量也會增多，釀出的酒勁強、酸度低。如果日照時間長，但不強烈而氣溫適中，有利於葡萄長出漂亮的顏色，釀出的酒也會特別芳香，酒的結構也堅實。如果天氣較冷，

葡萄的糖分減少，釀出的酒味酸，酒精度也較弱。如果雨量過多，尤其在採收期，釀出的酒會較稀薄。

氣候的變化會波及到葡萄酒的特性，還有不容忽視的是葡萄樹生長地的土壤，土地加上氣候等因素，才會反射出葡萄酒的品質、等級之分。出自於上好土地的葡萄，若遇上好的年份，釀出的酒結構佳、口感複雜、成熟變化慢，酒的生命也能長久。反之，普通年份的酒結構較單純，成熟變化較快，宜盡快飲用。年份只是給予消費者對於當年所出產葡萄酒的一種資訊，並可選擇最好的時刻來開瓶享用。

葡萄酒的瓶中成熟可分成三個階段：年輕期、成熟期、衰退期，在每個階段都會出現不同的氣味和口感。好年份的出產品，成熟變化較慢，可能剛過完第一階段時，普通年份的酒已走完它們的壽命了。要選擇一瓶剛好是成熟最高點的普通年份酒，還是好年份正值年輕期的酒，就要看個人的口味和觀點了。

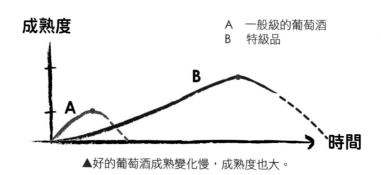

A　一般級的葡萄酒
B　特級品

▲好的葡萄酒成熟變化慢，成熟度也大。

酒的風味如何轉變？

葡萄酒是一種有生命力的液體，必須要有耐心地等待，在最佳的成熟期開瓶飲用。這些可儲存的酒還會隨著產地、年份、土質、釀製方式、存放的酒窖等，有不同的狀況，成熟變化的速度是不一樣的。同樣的酒，在不同的時間品飲，風味將會有所不同。

接觸一杯酒時，首先看到的就是顏色，低齡時期的紅酒色澤鮮豔，紅櫻桃般的顏色反射著紫羅蘭色，之後色調轉變成橙色環繞在杯子周邊，再久變成褐色，這是因為酚類氧化的關係。白酒一開始從蒼白中反射點綠色，之後變成淡金色與紅銅色，但是甜白酒例外。年輕的酒都帶著一股本土第一氣味（花香、果香、香料、植物、礦物……），或是帶有瓶中的陳年變化與釀造期間而產生的第二氣味（酵母、醚、酯、燒烤、英國糖果味……），時間久了可能會有一種奇特的氣味，稱之為第三氣味（乾花果、果醬、皮革、灌木、松露、蜂蜜……），但並非每種酒都會出現第三氣味，它只存在於品質較好的酒中。如果經過木桶陳年後，還會加雜著木香、香草、焦烤、咖啡、巧克力……等氣味。

當我們品嚐一瓶美酒，過一年後再嚐同樣的酒，就會覺得比較香甜，再過一陣子品飲，會感覺到淡而無味，讓人不免聯想到是否

207

過期或壞了？不過，還不能太早下結論，可能是遇到酒的封閉期，因有些葡萄酒有週期性的低潮封閉階段，而非酒過期。酒是靠葡萄中的酸、澀、糖分構成的酒體來支撐，經過瓶中的氧化，收斂性減弱，酒就會變得柔和與圓潤。若是置放過久，超過成熟最高峰期，澀度下滑，酒變得乾瘦，口感乾澀不圓潤，生命也接近了尾聲。

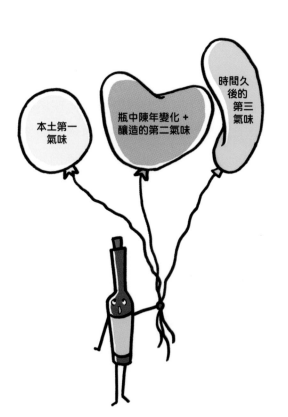

單寧（澀）、酒精度、酸度成為紅酒中的天然防腐劑，使酒不易氧化。但單寧太強也不見得能久存，因為它乾枯得快。當單寧成熟度大時，容易和酸結合，反而可保存較長的時間。白酒中沒有單寧的存在，但是它有大量的酸可以讓酒保存。不過，像是布根地、艾米達吉（隆河谷）的白酒酸度不高但是可以久存，這也是科學界難以解釋的。

本土第一氣味

瓶中陳年變化＋釀造的第二氣味

時間久後的第三氣味

酒的品飲與保存的最佳時間為何？

1. 開瓶品飲的最佳時間

　　最佳開瓶時間就是自己喜歡的時刻。不妨購買些佳酒，每隔一、兩年打開一瓶嚐嚐瓶中變化，直到自己最喜愛的成熟期再開始飲用。

209

一些稀少的佳酒不一定要透過品嚐來判斷它的成熟期，我們可以練習從葡萄、年份、釀製者、不同的酒訊雜誌等等，各方面取得的資訊來認識自己想要購買的酒。

對於產區不太瞭解時，不妨先從葡萄開始，用卡本內－蘇維濃、黑皮諾、希哈葡萄釀成的佳酒一般較能久存。當年出產最豐厚的葡萄酒不一定是最好的，反而平衡的葡萄酒一定會好。紅酒取決於它的單寧成熟度，採收率低、單寧、酸及酒精和諧的酒都易保存。酒農的釀造理念和方式都會影響葡萄酒的未來。

白酒中的酸是非常重要的，過多的酸酒會顯得僵硬，酸不足則酒會顯得軟弱無力，也容易成熟，不能存放。

2. 各地區產品的保存時間

各葡萄酒產區的酒，都有它們的特性和風味，即使用相同的葡萄來釀造，風味也會有所出入，陳年變化的時間也不一樣。現將其詳述於下：

（1）**香檳區**：長期存放容易失去其清鮮度，如果瓶塞變成直筒狀極易漏氣。香檳酒沒必要長時間儲存，需要時立刻購買飲用即可。可是有年份的好香檳，保存良好的話可置放多年，不過風險太大。陳年老香檳可以存放極長久的時間，它們是指還沒有進行第二次瓶中發酵，存放在酒廠的香檳酒。

（2）阿爾薩斯區：通常可保存 2 ～ 4 年，甜酒和特級品（Grand Cru）可達到 10 年左右，好年份的貴腐甜酒可保存 20 年以上。

（3）波爾多區：產品變化極大，一般白酒最好在 2 ～ 3 年內飲用，貝沙克雷奧良區的等級白酒至少有 10 年的保存期。普通的紅酒，若是小產區可以保存 1 ～ 8 年，鄉村級的佳酒大多要 10 年左右的時間來熟成變化，一般可保存 20 ～ 30 年，好年份的等級佳酒（Cru Classé）可保存 30 ～ 50 年以上的時間。一般產區的甜酒也不能存放太久，但是索甸產區和巴薩克（Barsac）產區的酒存放時間較長，可以保存 20 ～ 30 年，若是特殊的好酒又遇上好年份，存放的時間可達到 50 ～ 100 年之久。但是別失望，這些美酒在低齡時就很甘美了，不必等待那麼久時間才去飲用。

（4）布根地區：本區的產品極為複雜，一般而言，其產品不能像波爾多酒存放那麼長的時間。普通級的布根地酒大約保存 2 ～ 10 年之久，薄酒萊地區的酒，最好趁低齡時享用，但是 10 個鄉村級的薄酒萊酒還是可存放一些時間。布根地產區酒的品質好，一級葡萄園的白酒可保存較長的時間，其特級品可存放得更長久；同樣是夏多內葡萄釀出的白酒，需要等待幾年後才適合開瓶，即使是干性的白酒也可保存 20 ～ 30 年之久，如蒙哈榭（Montrachet）、高登查理曼（Corton Charlemagne）。紅酒視來源地而有所不同，等級酒也要等十幾年後才能顯露出特性，保存期為 25 ～ 50 年，有些或許還更久。

（5）阿爾卑斯山麓產區：一般干性的紅、白、粉紅、氣泡酒都不宜久存，區內兩種特產品——麥稈酒與黃酒可以保存 50 年，如果出自於夏隆城堡（Château Chalon）產區的黃酒，保存的時間更長，可達 50 ～ 100 年。

（6）普羅旺斯區和隆河南邊產區：地中海沿岸各產區的酒，多半是混合幾種不同的葡萄來釀造，成分的比例不一樣，酒的特性也有差異，保存時間的變化也極大。一般紅、白、粉紅酒可保存 2 ～ 5 年，好的紅、白酒可保存到 10 年左右，教皇新堡的酒可達 15 ～ 20 年。隆河北邊產區的酒使用單一葡萄——希哈葡萄釀造，它有 6 ～ 8 年的搖擺期，開瓶時應計算好，一般可保存 15 ～ 20 年。

（7）西南產區：使用的葡萄種類極多，本土風味多，卡歌（Cahors）和馬第宏（madiran）的酒保存時間 10 ～ 20 年之久，其他的酒多在 2 ～ 5 年間，甜酒可保存 20 年。

（8）羅亞爾河谷地區：蜜思卡得（Muscadet）區的酒最好趁低齡時品嚐酒的清鮮味。其他各產區除了一些特殊產品，干性的白酒可保存 2 ～ 5 年，紅酒約 10 年左右，好的年份也可達 20 年保存期。羅亞爾河區白梢楠（chenin）釀製的甜酒要看收成的年份，通常可保存 20 年，特殊情況也可達一世紀之久。

是否有選用開胃酒的必要？

開胃酒種類極多，有些酒飲用後味蕾會感到發麻，以致妨礙到後續的飲用，最好選些用葡萄釀造出來的各種清鮮、芳香的（干性）靜態酒或是氣泡酒，甚至天然、貴腐甜酒都是很好的選擇。

A. 選擇甜酒

甜酒的種類很多，它們的外貌極為相似，可是特性、侍酒溫度、口感卻是不一樣。不同的釀造技巧所獲得的甜酒，其名稱也不一樣。白甜酒侍酒的溫度大約 4 ～ 8℃。

1. 天然甜酒（Vin Doux Naturel）：包括一些以蜜思卡葡萄釀成的白色天然甜酒，主要出產於蘭格多克、隆河谷地區，例如白酒有呂內爾－蜜思卡（Muscat de Lunel）、咪黑瓦－蜜思卡（Muscat de Mireval）……等，紅酒有莫利（Maury）、巴紐（Banyul）、哈斯豆（Rasteau）、波特（Porto）……等。

2. 利口酒（Vin de Liqueur）：利口酒包括了以葡萄為原料釀造而成的葡萄利口酒，例如：干邑區的 Pineau des Charentes、雅馬邑地方的 Floc de Gascogne、香檳區的 Ratafia、蘭格多克地區的 Carthagène，也有用非葡萄為原料釀造而成的利口酒，

例如 Pommeau 是諾曼地地方用蘋果釀成的，
Grand-Marnier、Cointreau 出產於巴黎附近，
是用蘇格蘭橘子釀造成的，Ricard 是馬賽附近用
大茴香釀造成的。還有西班牙的雪莉酒（Sherry）、
葡萄牙的馬德拉（Madère）酒，都是利口酒。

3. 貴腐、晚採收甜酒（Vins Liquoreux、Vins Moelleux）：這類酒是利用天然環境而獲得高糖分的葡萄釀造出來的，幾種不同的方式（晚採收、風乾、貴腐）都可以獲得含糖量高的葡萄，釀成的酒甜味重，酒精度也高些。例如：阿爾薩斯晚採收的甜酒；阿爾卑斯山區的麥桿酒（Vin de Paille）、庇里牛斯山麓的居宏頌（Jurançon）都是利用天然的環境風乾葡萄，使得糖提分高；利用特殊的小地理環境所產生的貴腐葡萄釀出的貴腐甜酒有索甸（Sauternes）、巴薩克（Barsac）、蒙巴季亞克（Monbazillac）……等。

B. 選擇干性的紅、白酒

1. 白酒：採用稍微輕淡的酒單獨飲用，或是在干白酒中加一點果漿，例如黑茶薰子漿（crème cassis）染出美麗的顏色，則成了名為Kir 的調酒。挑選的白酒要有足夠的酸度。侍酒的溫度和甜酒一樣。

每個產區的白酒都具有自己的獨特性和香氣，例如：

· 羅亞爾河谷區：蘋果、菩提花香。
· 波爾多區：漿果香味重。
· 阿爾薩斯區：鮮花果香味多。
· 蘭格多克區：苦艾味。

215

- 地中海地區：香料、灌木味。
- 布根地區：乾果、核桃味。

2.紅酒：也採用清淡、結構簡單（單薄型）的酒，例如：隆河谷區、薄酒萊區，一些剛上市的新酒。或是波爾多、羅亞爾河谷區等大區域性的酒。侍酒的溫度也較低，大約在 12～16℃。

C. 選擇香檳酒、氣泡酒

1. 香檳酒：一般多採用結構簡單，略帶酸味的白色香檳酒。在某些盛大場合中，還可以提升香檳酒的層級、大廠牌的招牌酒、年份香檳，甚至豪華香檳，除了強勁豐厚型的香檳外，其他的都可以使用。

2. 氣泡酒：每個產區都生產氣泡酒（Crémant），它們是以香檳法、鄉村傳統法釀造出來的，因受了氣候、土質、地貌的影響，各種酒的風味也不一樣。通常氣泡酒都是白色的、少量玫瑰紅色，在羅亞爾河梭密爾（Saumur）地方也出了一點紅色氣泡酒。一般氣泡酒、香檳酒都是單獨飲用，也可以加黑茶藨子漿做成皇家基爾（Kir Royale）調酒。

要如何選擇香檳？

解 開沉重、厚實的玻璃瓶頸端的鐵絲閘，裙狀的瓶塞自然地彈跳出，這就是氣泡酒常有的景象。香檳第二次瓶中發酵時，瓶內會產生 6 Bar（大氣壓），而其他的氣泡酒都低於此。如果香檳漏了氣，則不見得每次都會有跳塞的現象。香檳是不能儲存的，久置後容易失去清鮮度；陳年老香檳是經挑選的上好白酒儲存在酒窖中，需要時再做處理上市。購買香檳時，留意一下酒標上的標示，從上面可得到很多瓶中的訊息。也有些資訊無法從酒標上得知的，這時不妨請教酒業相關人員。

香檳有以下幾種類型：

1. 特干或是自然香檳
（Champagne extra brut、brut nature）

釀製香檳第二次瓶中發酵後、排除沉積物時，同時要加入糖漿（liqueur d'expédition），如果加入的糖漿量低於 3 ～ 6 公克／公升為自然香檳（brut nature）、特干香檳（extra brut）。這種類型香檳的特性是細緻、純淨，反映出葡萄園的土地（terroir）和自然環境。此種香檳酒中只有極少量的糖分，喝起來酸口，加上氣泡剛好，可搭配殼貝類的海鮮菜餚，但是烹調的口味要酸鹹，不能甜。

2. 白葡萄香檳（Champagne blanc de blanc）

　　完全採用綠皮的夏多內葡萄釀造，這種類型香檳的特性是香氣高雅、細緻性的結購、清鮮，礦石味、酸口，搭配海鮮、鹹口的菜餚為宜。

3. 紅皮葡萄香檳（Champagne blanc de noirs）

　　這類的香檳酒是用黑皮諾、皮諾莫尼耶（pinot meunier）兩種紅皮葡萄的白色汁液釀製，前者給酒帶來酒力、結構、香料味、豐厚的口感，有的酒中帶輕微的澀。後者會使酒圓潤、豐盛、醇厚，並有大量果香味。兩種葡萄各具不同的特性，混合後的酒變化也大，搭配也廣泛，主要是酸、甜、鹹口味的菜餚，如果是海鮮類需慎選，萬一酒中有輕微的澀（單寧），則會有苦口感。

◀▼各種類型的香檳酒。

4. 玫瑰紅香檳（Champagne rosé）

　　玫瑰紅香檳在釀製過程中輕微的浸泡果皮，使其獲得鮭魚肉般的顏色，或是釀製完畢後加入少量的紅酒調對出，使其成為美麗的玫瑰紅香檳，它除了有白香檳的特徵外，也帶有紅酒的特性，可搭配南亞洲國家的菜餚。玫瑰紅香檳常用在餐後搭配糕點，但要留心酒中的酸、甜成分。

5. 木香味香檳（Champagne boisés）

　　在木桶中做酒精發酵或是木桶陳年過的香檳酒，長年和桶壁接觸，吸收了礦物質、多酚物，淺金的顏色，酒的特性多、結構堅強，搭配的食物也廣泛。酒中有不同的香料味，剛好搭配亞洲各國的菜餚。由於結構堅實，並不適合搭配帶有酸苦的蔬菜和燻肉、蛋類食物。

6. 年份香檳（Champagne millésimés）

　　香檳區可以混和不同年份的收成來釀製，如當年天氣特別好，只採用同年份的收成，則為年份香檳。這類酒有成熟的香氣、平衡，陳年過後的後口感也長，與香味多的醬汁剛好接合。

7. 招牌香檳（Champagne brut）

　　來自各葡萄園的釀製，然後混和調配成一種平衡、穩定、持續性的招牌香檳，一般酒高雅、細緻、清淡。只要口味不太重的菜餚都可搭配。

好酒的祕密

香檳酒標上的含糖量標示

　　釀製香檳的過程中，在排除積於瓶頸端的沉澱物時，同時加入不等量的糖漿，也決定了香檳的類型，都會註明於酒標上，其中以 extra brut、Brut、Demi-sec 最常見。

商標文字	含糖量
Brut nature	低於 3 公克／公升的含糖量，是香檳中最少的一種。
extra Brut	含糖量不超過 6 公克／公升
Brut	含糖量低於 15 公克／公升
Extra sec	含糖量介於 12 ～ 20 公克／公升
Sec（dry）	含糖量介於 17 ～ 35 公克／公升
Demi-sec	含糖量介於 32 ～ 50 公克／公升
Doux	含糖量超過 50 公克／公升

蘇格蘭威士忌（Scotch Whisky）有什麼特色？

威士忌是世界上消耗量最多的烈酒，每年可喝掉三億瓶。釀造威士忌需有基本原料——穀麥類，加上良好的水質、酵母和烘焙的泥煤，再加上蒸餾、混合調配的技巧，和木桶的選擇、調換。使用不同種類的原料和不同的儲存木桶，所釀出的威士忌口味及特性也不一樣。

定義

世界上大約有 200 座威士忌蒸餾廠，其中一半位於蘇格蘭境內，它們的產品非常出名。蘇格蘭威士忌並非只是一種單純的烈酒，它能散發出複雜的香味、強勁的酒精味，口感也比較豐厚、細緻。幾世紀以來，蘇格蘭地區能釀出這種上好的威士忌也非偶然，因為此地區具備了各種釀造的環境和條件，例如：氣候對大麥成長的影響、水質、烘焙的泥炭、調配的技巧……等。

1492 年，「威士忌」一字出現在文獻記錄上。1527 年，蘇格蘭威士忌第一次在市場公開出售，60 年後傳到愛爾蘭地區。1906 年正式為其下定義：「凡是以穀麥類為原料釀造的烈酒皆稱為 Whisky，

並限定出自蘇格蘭地方的產品才能稱為『蘇格蘭威士忌』（Scotch Whisky）」。1932 年，又規定釀成的酒必須木桶儲存 3 年後才能裝瓶出售。1994 年也是蘇格蘭威士忌 500 年的生日。

類型

有兩種類型的蘇格蘭威士忌，一種是以大麥芽為原料釀造成的，先把大麥浸泡、發芽、烘焙、攪拌、加水發酵，然後再經過蒸餾的程序，就像釀造干邑酒一樣，每個地區釀出的酒都具有不同的特性。另一種是採用其他的穀物、麥類為原料，不必經過發芽手續，先把穀、麥等物加熱發酵後，再一次直接蒸餾而成。

之後，兩者都要有 3 年以上的木桶陳年培養，才可以裝瓶出售，上好的威士忌都要儲存在木桶中，做 10 年、20 年，甚至更久的陳年變化。使用的木桶通常是用美國的白橡木，若是用盛過波本酒、雪利酒、波特酒的木桶更佳，它們都會帶來不同的風味，但儲存的木桶用過 3 次後，功能幾近喪失。

產區劃分

全蘇格蘭可劃分成幾個產區：

1. 高原地區（Highlands）：此產區幾乎占了整個蘇格蘭地區，包括了北邊、東邊、西邊、中央部分。一般高原地區威士忌的酒味清淡，適合初飲的愛好者，或是當開胃酒飲用。

2. 史卑系得（Speyside）：面積不大的史卑系得產區，崁在高原地區的內部，區內的蒸餾廠就高達 75 家，幾乎占了全蘇格蘭蒸餾廠的三分之二。本地因有上好的大麥、清淨的水源和泥煤，釀造出來的酒香甜且花果味和酒力都重，相較其他地區的產品更為細緻，特性也比較複雜。

3. 低地區（Lowlands）：本產區較其他產區的酒為清鮮、甜味較多、焦烤味也輕。

4. 艾斯雷（Islay）：因為出產地是海島，酒中的煙煤、海藻、碘味明顯，口味重。

5. 思凱（Skye）：酒中帶有海藻、泥煤、胡椒味重，口感微鹹。

6. 其他產區：其他還有坎貝爾（Campbeltown）、萊斯伊萊斯（Les îles）區，目前存在於該區內的蒸餾廠已不多了。

每個地區出產的威士忌在色調、口感、特性上都有差別，加上存放地點的溼度、木桶的容積、堆疊的層次、倉庫的地理位置，都會影響陳年變化，構成威士忌的神祕、奧妙性。

一般上好的威士忌存有優雅的香氣、細緻的口感、綿延的餘味，散發出穀物味、香草、蜜糖、檸檬、礦物質（鐵、焦土、泥煤）、菸草、瀝青、花草（蕨類植物、紫羅蘭、苔蘚）、橡木、果香（蘋果、葡萄、杏子、椰子）、碘、砂味等。

好酒的祕密

酒標文字說明

1.Blend：以穀物、麥類為主，混合不同蒸餾廠的產品。
2.Single Malt：同一蒸餾廠以麥芽為原料釀成的產品，極具特性。
3.Pur Malt：是混合了幾種 Single Malt 的產品。

蘇格蘭威士忌
產區分布圖

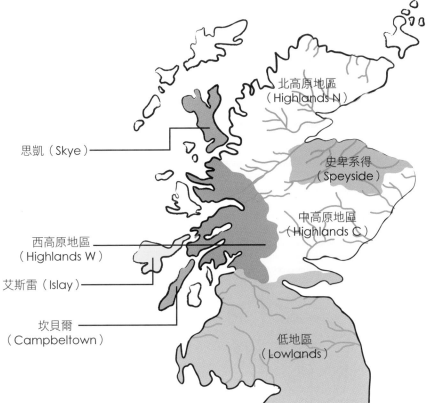

北高原地區
（Highlands N）

史卑系得
（Speyside）

思凱（Skye）

中高原地區
（Highlands C）

西高原地區
（Highlands W）

艾斯雷（Islay）

坎貝爾
（Campbeltown）

低地區
（Lowlands）

225

除了蘇格蘭之外，世界上還有哪些國家出產威士忌？

蘇格蘭是世界上最主要的威士忌出產國，相對地其他國家的產量都不大，有以下幾個產酒國。

1. 愛爾蘭威士忌

雖然它和蘇格蘭為鄰，但是兩地的釀造方式差異很大，從大麥的挑選、處理程序、鍋爐體積、蒸餾次數……等都不一樣，兩者威士忌的特性差別很多，一般而言，愛爾蘭威士忌比蘇格蘭威士忌柔和。

2. 比利時

有兩個威士忌蒸餾廠，採用麥類為原料釀造，酒質細緻，產量不多。

3. 美國和加拿大的威士忌

（1）波本酒（**Bourbon**）：主要出產在美國地方，用玉米為原料釀造的威士忌，使用的玉米含量不得低於 51%，還要兩年的木桶陳年才能裝瓶上市，酒廠多集中在肯塔基州一帶。1921 年 1 月 16 日，美國國會通過全面禁止烈酒的釀造出售，因此造成黑市假酒流售市面。1932 年，羅斯福總統宣布廢除此法案後，才又繼續釀造。這段期間，加拿大烈酒業趁勢崛起大肆發展，酒廠多位於安大略湖和魁北克等美、加的邊境上。加拿大的威士忌採用上好的穀物、黑麥、玉米……為原料，釀出的酒比較柔和、清淡，香味多。

（2）裸麥威士忌（**Rye**）：美、加地區以黑麥（seigle）為主所釀造的烈酒，口感比波本酒衝，在美國釀造裸麥威士忌必須要有 51% 的黑麥。

4. 日本

日本大約有 10 個威士忌蒸餾廠，產品多為蘇格蘭式的日本威士忌，用純大麥釀成的威士忌品質佳，幾乎只在本國市場銷售。

5. 台灣

噶瑪蘭的單一麥芽威士忌。

葡萄牙的波特甜酒（Porto）是如何釀造而成的？

波特酒是一種以葡萄為原料釀製的強化甜葡萄酒，產自葡萄牙東北角的杜羅（Douro）河谷，雖然許多葡萄酒出產國也釀製此類型的甜酒，但是他們的釀製程序、產量、風味、特性，極難和波特酒相比。

該地區從什麼時候開始有葡萄樹，已經消失於歷史的曖昧中。從已經發現的葡萄園痕跡中，經過考證，遠在史前時代它就已存在了。最早的文獻記載，葡萄牙的葡萄種植起飛於羅馬人的占領時期，這種種植及釀造技術世代承傳，也是葡萄牙人的一種文化資產，在這世界上，波特酒也代表了「葡萄牙」三個字的意思。

波特酒也是在釀造中偶發產生的，後來經過研究改進，慢慢地演變成這種香甜極具特性的美酒。杜羅河谷的葡萄園雖然開發得很早，但是直到 17 世紀中葉之後，為了商業上的需求才開始大量地種植、釀造，當時的英國和比、法邊境的佛朗德勒（Flandre）是兩個最大的客戶。

1703 年，葡萄牙和英國簽訂了梅休因（Methuen）條約，合約

▼波特酒產區。

▼波特酒產區。

波特市

納瓦蒂蓋雅鎮

杜羅河

Tageta河

Corgo河

Vila Real 鎮

Pinhao 市

Vila Nova de
Foz Coa 鎮

西班牙

中認同葡萄牙和法國的酒有同等的地位。這時期，杜羅地方的酒為
了在搬運過程中不致變質，幾乎都加了點烈酒，以求其穩定和堅強
性，想不到這偶然的小動作卻改變了杜羅河區酒的日後命運，也形
成了它們的風味和特性，這些酒就是今日的波特酒。

　　1756 年，地區行政首長 Maqui de Pombal 大力推動他的新經
濟計畫，同時又成立了杜羅河谷農業公司（Compagnie Générale
de l'Agriculture du Douro Supérieur），負責觀察、監督、規範葡
萄的種植和產品的水準，以及確認外銷的波特酒是否出自於本區內。
1757 年，政府當局又在杜羅河谷的葡萄產區明確地畫出界線，凡是
優良的葡萄園都埋下石椿以示區別，形成了世界上第一個原產地劃
分，比其他的產酒國幾乎早了兩個世紀。

229

1926 年，又在納瓦蒂蓋雅（Vila de Nava de Gaia）鎮成立了倉儲集散中心，大多數的公司行號都在此地設立酒窖、倉庫，更擴大了杜羅河谷區酒業的發展。1933 年，成立了波特酒的研究機構（Institut du vin de Porto, IVP），同時也成立了杜羅酒之家（maison du Douro）和波特酒公會（Association des Entreprise de vin de Porto, AEVP）。

釀造波特酒的葡萄，必須種植在葡萄牙東北角杜羅河及其支流兩側的河谷坡地上，矽質的碎石覆蓋全區各處，地形陡峭、地質疏鬆，水分極易滲透，蓄水困難，葡萄樹根必須穿過岩土間的細縫，往極深處尋找水分，無形中吸取了更多的礦物質。本區離海甚遠，又有瑪洛（Marô）山脈阻擋了大西洋的海風，因此夏季時非常乾旱、酷熱，冬季嚴寒，每公頃土地的採收量有限。在陡峭的坡地上，酒農們利用河谷中的岩石塊堆積成階梯般的擋風牆，層層相疊，累積了千百年來老祖先們的血汗結晶，遍布全區大小山頭，頗為壯觀。

產區內 33,000 公頃的葡萄園種植了三十幾種葡萄，主要是生產紅酒，通常只採用幾種高貴的葡萄來釀造波特酒，占了總產量的 65%。包括 la Malvasia fina、Esgana Cao、Folgasao、Gouveio、Rabigato、Viosinho、Moscatel Gallego 等白葡萄，Touriga Nacional、Touriga Francesa、Tinta Cao、Tinta Roriz、Tinta Barroca、Tinta Amarela 等紅葡萄。

每年 9 月中旬過後，成群的採收工人來自各地，都是用手工摘採，然後送到酒坊壓榨，還有不少的廠商用古老的腳踩方式壓榨取

▲工人站在大桶子裡，光腳踩踏葡萄。

汁，在緩慢的動作下擠出的汁液和搗碎的果粒接觸時間更長，吸取了更多的色素和礦物質，之後把壓出的汁液導入巨大的木槽內（通常是以橡木或是栗木製成容積 550 公升的木桶）做酒精發酵，就像一般的釀造一樣，在發酵過程中加入上選的烈酒，其目的是中止汁液中的糖分繼續發酵，二方面是增加酒精度未發酵的糖分保留在酒中，因此喝起來甜口，酒精度約在 17 ～ 22 度之間，這種類型的酒稱為強化甜酒或是葡萄利口酒（vin de liqueur）。

酒精發酵只是釀造波特酒的第一步驟，之後還要存放在木桶中，依不同類型的酒做為時不定的陳年。翌年春天，所有裝桶的新酒利用杜羅河運送到波特市對岸的納瓦蒂蓋雅鎮陳年存放。該鎮位於杜羅河口，離海也近，氣候十分涼爽穩定，非常適合波特酒的存放。早年沒有先進的儲存設備，人們就利用這種天然的環境來保存美酒。從 18 世紀起，酒商們都在該鎮設立公司行號和安置酒窖，一方面便利運輸和交易，另一方面是利用天然環境來穩定酒質。以前外銷的波特酒都需經過納瓦蒂蓋雅鎮外銷到全球各地。1986 年修改過一些外銷的規章，從此波特酒可以不經過此地，直接運出去。

波特酒之所以不同於其他的甜酒，在於它有千變萬化的特性，同類型的酒極難相比，但是眾多類型的波特酒中，還是有一種區別的指標。

1. 以陳年方式區分

　　（1）Ruby 類型：是一種年輕的產品，釀好即可品飲，不能存放太久，主要是欣賞酒的顏色、厚薄度、果香味、醇度。質量由低到高排列依序為：Ruby、Réserve、Late Bottled Vintage（LBV）、Vintage。

　　（2）Tawny 類型：一種混合幾種不同葡萄園、年份的產品，之後還要儲存在木桶中陳年，它的色澤會變成紅金色、磚瓦色，味道也呈現出乾果、木香味，陳年越久特色越複雜，等級由低到高排列依序為：Tawny、Tawny reserva、Tawny 10ans、Tawny 20ans、Tawny 30ans、Tawny 40ans 和 Colheita。Colheita 是出自於單一葡萄園，必須經過 7 年以上的木桶陳年才能裝瓶。

2. 白色的波特酒

　　用白葡萄釀造傳統的白波特酒，有大量的花香味，顏色有蒼白、稻草色，或是經過木桶存放過後變成淡金色，口味有清淡型、半干、干性、極干（extra-dry），酒精度在 19 ～ 22 度之間，還

有一種含糖量極微清淡型的白波特酒（light dry），只有 16 度酒精。

　　波特酒也像其他的葡萄酒一樣，需要一個良好的儲存場所，陰暗通風、避免震動，酒瓶平躺可預防瓶塞乾縮。如果溫度上下變動不大，恆溫到達 20℃ 時，波特酒都可以承受得了。為了不打散 Vintage 級酒（Ruby 類型）中的沉澱質，存放後盡量避免再搬動。通常 Vintage 級酒在飲用前都會進行換瓶的工作，一方面和空氣多接觸，二方面除去沉積質而獲得清澈的美酒。開瓶後，若尚未完全飲盡，只要覆蓋瓶塞，仍可保存一段時間不會變質，這是它和干性酒不同之處。Ruby 類的酒不宜做太長久的瓶中存放，否則容易失去活潑力。但是 Vintage 級就不一樣了，酒中的酸澀度高，可以在瓶中保存極長久的時間，如果倒入醒酒壺，就要一次飲完，否則極易變質。

　　一般級的波特酒多做開胃酒用，Vintage 級酒配合口味重的乳酪，LBV 級酒適合搭配新鮮的煎鴨、鵝肝、巧克力甜點。Tawny10 年、20 年則適合搭配前菜中以禽類、野味製成的肉醬或是培根加香瓜，和各種口味的乳酪、巧克力甜點、飯後的咖啡，再配雪茄。白色的波特酒宜冰過後飲用，有時加一小片檸檬，配冷前菜中的肉類、海鮮、淡口味的乳酪。

　　杜羅河谷區出產的酒經過品質檢驗合格後，即可獲得杜羅葡萄酒研究所（Instituto do Vinhos do Douro e do Porto, IVDP）授予原產地證明的小標籤貼在瓶頸蓋子上。飲用時是用一種鬱金香型的高腳杯，可使香氣集中，侍酒溫度不宜太涼。

233

有哪些是特別釀造的波特甜酒？

1.Vintage（Porto millésimé）

選用生長在特別好年份的葡萄為原料，釀好後還要做為期 2 年的木桶陳年，之後再做長期的瓶中變化，有時要等 20 年才能達到成熟期，深紅的顏色、酒味醇厚、架構十足、細緻、高雅，並呈現出焦烤（咖啡、巧克力、雪茄、松露、皮革……）、香料味，它的果香仍然存在，瓶底常有沉澱物，侍酒時需要換瓶增加氧化速度。

2.LBV（Late Bottled Vintage）

是一種高等級的波特酒，釀好後要做 4 ～ 6 年的木桶陳年後才能裝瓶。酒細緻、香醇、有酒體、果香味多，再加上長期儲存桶中的木香味。隨著時間在木桶中的陳年變化，比年份的 Vintage 酒柔和。如果酒標上註明 traditionnel，那就是代表沒有過濾過的酒，裝瓶後仍可改進酒況的變化。

3.Colheita

也是一種高等級的波特酒，只採用同年份、單一葡萄園的出品，釀成的酒至少要 7 年的木桶陳年才能裝瓶，隨著時間的流逝，酒的

第一氣味也因氧化轉變成乾果、焦烤、香草、香料等複雜的香味，顏色也成磚瓦色，時間更久之後會反射一點青綠色。

4.Tawny（10 年、20 年、30 年、40 年的波特酒）

　　混合了不同的葡萄園、不同年份的收成，因長期儲存在橡木桶中，具有果香（乾果）味，顏色退成為磚瓦色，時間久了香料、焦烤味更重，口感和諧、後口感持久。儲存在橡木桶的時間是平均值，會標示於酒標上 Porto tawny 10ans、20 ans、30 ans、40 ans。

▶ Vintage、年份級的酒，飲用前的換瓶工作。

▲各種類型的波特酒。

5.Réserva

　　這種類級的酒是混合了不同成熟度的葡萄酒，紅水果味口感堅實、澀味重，這種等級的酒結構較 LBV Vintage 型為弱。與 Réserva tawny 的區別是淡金色的顏色，具有乾果、焦烤、橡木味，至少要 7 年的木桶陳年，但有時還帶有鮮果味。Réserva Ruby 是一種年輕的酒，深紅的顏色，散發大量的果香味，如果香味濃密，酒則堅實、收斂性強，但是比 Late Bottled Vintage 級的波特酒微弱。

　　各式各樣的波特酒，口感、嗅感都不相同，而且有自己的特殊性，購買之前先看清酒標上的指標。習慣上，低齡、果香味多的酒，適合任何時間任何場合飲用，高齡老酒的口感、嗅感都複雜，價格也貴，多選在盛會場合飲用。

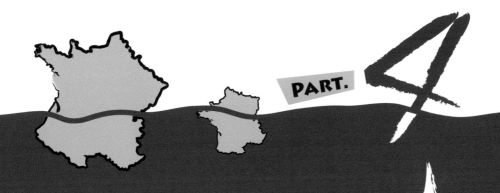

PART. 4

全球有三分之二的葡萄樹都種植在歐洲，而且大多集中在地中海沿岸，主要是因為那裡有良好的生長環境以及溫和的氣候。西班牙、義大利和法國是三個最大的葡萄酒出產國，其中又以法國的出產最具有特性，是其他產酒國難以相比的，法國除了有上述地中海環境的優勢外，它的土質結構和地形的變化也較複雜，加上長期累積的釀造經驗與嚴格的品質管制，而且有特設的機關來督導與查驗酒品，各等級責任劃分得非常清楚。全法 AOC 級葡萄園的面積高達超過120 萬公頃，依地理環境規劃分為 10 個大產區，各區中還有特性相似的小產區，都有自己的獨特風味。

法國葡萄酒產區

法國有哪十個
葡萄酒大產區？

I. 阿爾薩斯產區

　　阿爾薩斯產區位於法國東北角弗日山脈（Vosges）和萊茵河之間，蛇形般的產區貫穿了弗日山丘的大、小村落，土地的結構非常複雜而且變化多端，也是世界上僅有這種多樣性地質的產區，酒農們只好選擇適合自己土地的葡萄來耕種，本區是以葡萄品種來命名，而非使用土地名稱，這是和其他產區不同的地方。這裡除了種植 4

▼阿爾薩斯的葡萄園

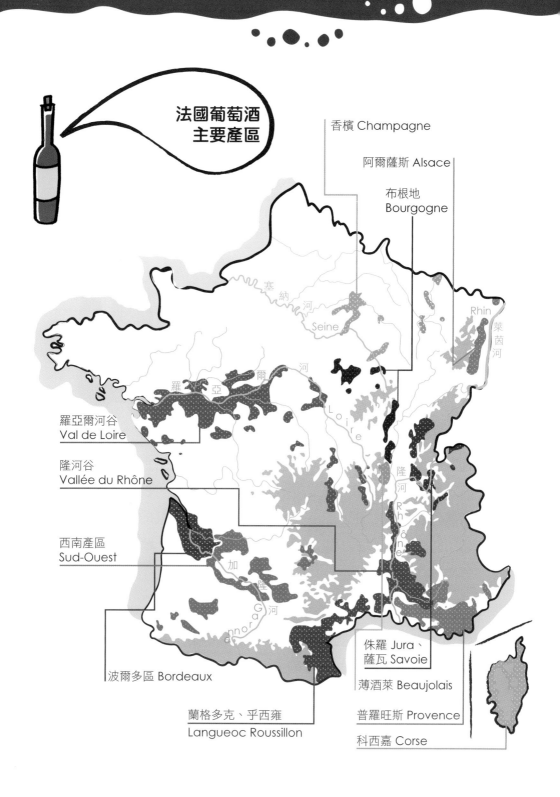

法國葡萄酒
主要產區

香檳 Champagne

阿爾薩斯 Alsace

布根地
Bourgogne

羅亞爾河谷
Val de Loire

隆河谷
Vallée du Rhône

西南產區
Sud-Ouest

波爾多區 Bordeaux

蘭格多克、乎西雍
Langueoc Roussillon

侏羅 Jura、
薩瓦 Savoie

薄酒萊 Beaujolais

普羅旺斯 Provence

科西嘉 Corse

塞納河 Seine

Rhin 萊茵河

羅亞爾河 Loire

隆河 Rhône

加隆河 Garonne

▼萊茵河之笛

▲阿爾薩斯的鄉鎮

種高雅（麗絲玲、灰皮諾、蜜思嘉、格烏茲塔明那）的葡萄外，還有 3 種基本的葡萄品種，包括夏斯拉、希瓦那、白皮諾葡萄，都非常適合栽種於本地，加上一種釀造紅酒、玫瑰紅的黑皮諾葡萄，使釀出的酒充滿了活力和花、果的香味，本區也有「感官花園」（jardin sensoriel）的美譽。

阿爾薩斯沒有小產區之分，只有特佳級阿爾薩斯酒（Alsace Grand Cru）和傳統級的阿爾薩斯酒（Alsace 或 Vin d'Alsace）兩種等級。區內最出名的莫過於晚採收的甜酒（Vendanges tardives）、顆粒挑選甜（Sélection deGrains Nobles）、冰酒（Vin de Glace）等 3 種產品。

II. 波爾多產區

▶波爾多市中心的四面神。

　　波爾多位於法國西邊偏南，雖然是海洋性氣候，但西邊的朗得松林阻擋了大西洋的水氣，全區溫暖而不潮溼，波爾多產區以土質成分和結構，習慣分成 3 部分：

1. 基宏德河西邊的梅多克區

　　梅多克在此廣義地包括了格拉夫（Graves）和索甸地方。梅多克區分成兩部分，北邊是下梅多克區，南邊是上梅多克區，區內 6 個村子的特殊土地被列為鄉級葡萄園，有聖艾斯岱伕（St. Estèphe）、

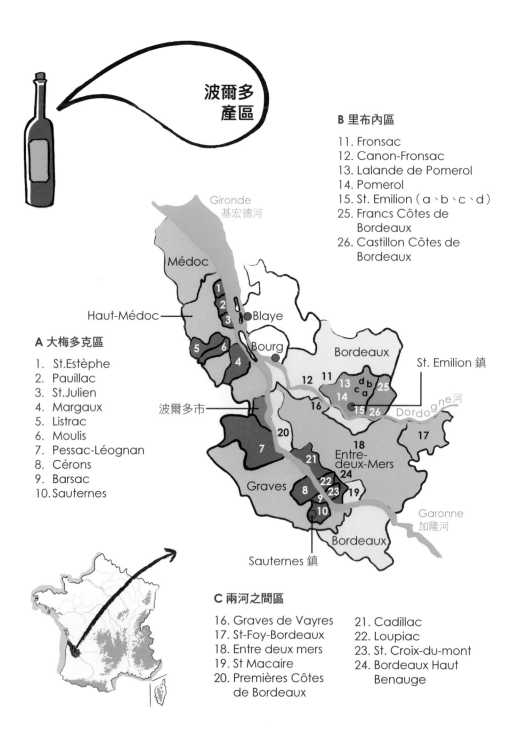

波爾多
產區

B 里布內區

11. Fronsac
12. Canon-Fronsac
13. Lalande de Pomerol
14. Pomerol
15. St. Emilion（a、b、c、d）
25. Francs Côtes de Bordeaux
26. Castillon Côtes de Bordeaux

Gironde
基宏德河

Médoc

Haut-Médoc

Blaye

Bourg

Bordeaux

A 大梅多克區

1. St.Estèphe
2. Pauillac
3. St.Julien
4. Margaux
5. Listrac
6. Moulis
7. Pessac-Léognan
8. Cérons
9. Barsac
10. Sauternes

波爾多市

St. Emilion 鎮

Dordogne河

Entre-deux-Mers

Graves

Garonne
加隆河

Bordeaux

Sauternes 鎮

C 兩河之間區

16. Graves de Vayres
17. St-Foy-Bordeaux
18. Entre deux mers
19. St Macaire
20. Premières Côtes de Bordeaux

21. Cadillac
22. Loupiac
23. St. Croix-du-mont
24. Bordeaux Haut Benauge

布宜雅克（Pauillac）、聖茱莉安（St Julien）、瑪歌（Margaux）、里斯塔克（Listrac）、慕里斯（Moulis），全區只出產紅酒。大梅多克區涵蓋了波爾多市南邊的格拉夫產區，其中貝沙克雷奧良（Pessac-Léognan）和位於最南端的索甸、巴薩克、捨隆（Cérons）產區被列為鄉村級葡萄園，前者出產紅、白酒，後三產區則出產貴腐甜酒。

大梅多克區

下梅多克區	上梅多克區	格拉夫產區	
梅多克	聖艾斯岱伕 布宜雅克 聖茱莉安 瑪歌 里斯塔克 慕里斯 上梅多克	貝沙克雷奧良 格拉夫	索甸 巴薩克 捨隆
紅酒	紅酒	紅、白酒	貴腐甜酒

2. 多荷多涅（Dordogne）河北邊的里布內區

此區地形變化大，土質也複雜，區內最出名的兩種紅酒是聖愛美濃（St. Emilion）和玻美侯（Pomerol），其他的還有北邊的拉隆得玻美侯（Lalande de Pomerol），幾個聖愛美濃的衛星產區，包括蒙塔涅—聖愛美濃（Montagne St. Emilion）、聖喬治—聖愛美濃（St. George St. Emilion）、律沙克—聖愛美濃（Lussac St. Emilion）、畢榭甘—聖愛美濃（Puisseguin St. Emilion）等；還有西邊的弗朗薩克（Fronsac）和加濃弗朗薩克（Canon-Fronsac），東邊的卡斯提雍丘（Castillon Côtes de Bordeaux）和東北的弗朗丘（Francs Côtes de Bordeaux）產區。

里布內區

聖愛美濃 玻美侯 拉隆得玻美侯 弗朗薩克 加濃弗朗薩克 卡斯提雍丘 弗朗丘	• 聖愛美濃衛星產區 　蒙塔涅－聖愛美濃 　聖喬治－聖愛美濃 　律沙克－聖愛美濃 　畢榭甘－聖愛美濃
紅酒	紅酒

　　基宏德（Gironde）河右岸：2 個明訂性的區域產區，以及波爾多、優級波爾多大產區的葡萄園，是紅酒、白酒和玫瑰紅的產區。布萊業爾區（Blayais）內有 3 個小葡萄園，布萊（Blaye）、布萊伊丘（Côtes-de-Blaye）和布萊伊波爾多丘（Blaye Côtes de Bordeaux）。布杰區（Bourgeais）內有兩個小葡萄園，布杰（Bourg）與布杰丘（Côtes de Bourg）。

布萊業爾區	布杰區	
布萊（只出產紅酒） 布萊伊丘（只出產白酒） 布萊伊波爾多丘	布杰 布杰丘	優級波爾多 波爾多 波爾多淡紅酒（clairet）
紅酒、白酒、玫瑰紅酒	紅酒、白酒	紅酒、白酒、玫瑰紅酒

3. 兩河之間產區（Entre Deux Mers）

　　此產區是夾在加隆河和多荷多涅河之間的三角地帶區域，出產紅酒、白酒、玫瑰紅和氣泡酒。區內共有 8 個小葡萄園和波爾

多、優級波爾多大產區的葡萄園，其他的是格玨瓦意爾（Graves de Vayres）、聖發波爾多（St-Foy-Bordeaux）、兩河之間（Entre Deux Mers）、波爾多上貝諾吉（Bordeaux Haut Benauge）、聖瑪愧（St Macaire）、波爾多首丘（Premières Côtes de Bordeaux），以及聖十字峰（St Croix-du-Mont）、盧皮亞克（Loupiac）、卡迪亞克（Cadillac）貴腐葡萄園，卡迪亞克產區內出產的紅酒稱為「Cadillac Côtes de Bordeaux」。

▼ Petrus 城堡的葡萄園。

▲市區一角。

兩河之間產區

格玟瓦意爾 聖發波爾多＊ 兩河之間 波爾多上貝諾吉 聖瑪愧＊ 波爾多首丘 卡迪亞克波爾多丘（也出產紅酒）	聖十字峰 盧皮亞克 卡迪亞克
紅酒、白酒、玫瑰紅酒、氣泡酒	貴腐甜酒

註：＊也出產貴腐甜酒。

III. 香檳產區

舉世聞名的「香檳酒」出自於法國的香檳地區，在其他各產酒區，甚至國外也可以用同樣的方法釀出同類型的氣泡酒，但都不能冠上「香檳」的頭銜，只能稱為氣泡酒（Mousseux 或 Crémant）。

香檳區位於巴黎東北方約 200 公里左右的地方，是一塊海洋升起的白堊岩地，土中含有豐富石灰質，是法國最北端的一個葡萄酒產區，幾乎快到葡萄種植的臨界區了，葡萄園多集中在北邊的漢斯（Reims）市和埃佩爾奈（Epernay）鎮附近。

產區可分成三大部分：漢斯山區（Montagne de Reims）、馬恩河谷區（Vallée de la Marne）、白丘區（Côte des Blancs）。以及南邊的兩塊葡萄園：西棧丘區（Côte de Sézanne）和巴丘區（Côte des Bar），兩地的田地占香檳區總面積的四分之一。全區有 17 個村鎮，所採收的葡萄達到 100% 的滿意度，被列為特別等級產區，有 42 個村鎮葡萄的滿意度為 90～99%，被列為第一等級產區，其他區則為普通級。香檳酒標上不必註明原產地證明（AOC）。

主要產區	南邊小產區
漢斯山區（Montagne de Reims） 馬恩河谷區（Vallée de la Marne） 白丘區（Côte des Blancs）	西棧丘區（Côte de Sézanne） 巴丘區（Côte des Bar）

香檳地區除了生產氣泡酒外，還釀造靜態的紅、白、玫瑰紅酒，稱為香檳丘酒（Coteaux Champenois）。出名的利榭玫瑰紅（Rosé des Riceys）是出自於歐伯（Aube）、利榭（Riceys）兩地，用黑皮諾釀造的無氣泡葡萄酒。其他還有香檳烈酒（Marc de Champagne）、香檳利口酒（Ratafia）。

▲酒瓶的容積

▼風和日麗的香檳區。

◀白堊岩的地層成為儲存的好場所。

▶酒鄉之路。

IV. 布根地產區

　　位於法國東邊的布根地產區，其最
出名的就是它的土地變化和分級制度。
產區內的土質同樣是由沉積的石灰岩土
和泥灰岩土形成，由於時間上的差異，
各葡萄園土質中的混和比例也不一
樣，狹長的地形讓南北氣溫差距很大，
加上各處小地理氣候的影響，用同樣的
葡萄來釀造，釀出酒的風味截然不同而
且十分懸殊。

249

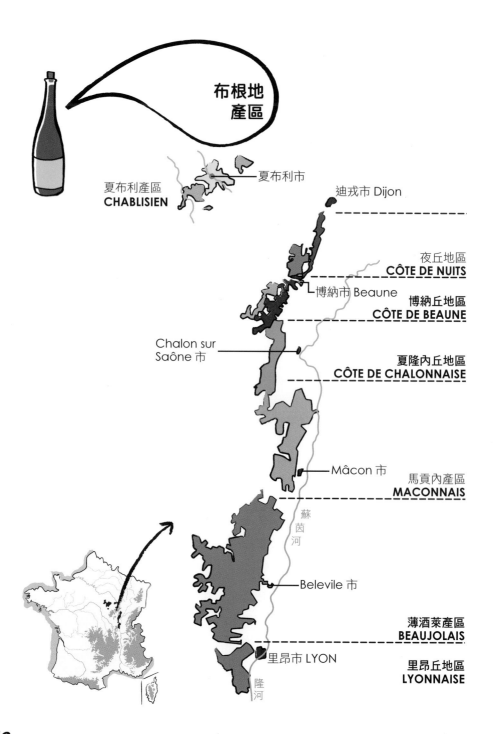

布根地
產區

夏布利市

夏布利產區
CHABLISIEN

迪戎市 Dijon

夜丘地區
CÔTE DE NUITS

博納市 Beaune

博納丘地區
CÔTE DE BEAUNE

Chalon sur
Saône 市

夏隆內丘地區
CÔTE DE CHALONNAISE

蘇
茵
河

Mâcon 市

馬貢內產區
MACONNAIS

Belevile 市

薄酒萊產區
BEAUJOLAIS

里昂市 LYON

里昂丘地區
LYONNAISE

隆
河

本區處於大陸性和海洋性氣候的邊緣上，由於中央山脈阻擋了大西洋對氣候的調節，因此全區大陸性氣候比較明顯。大多數的葡萄田都處於海拔 200 ～ 300 公尺高的坡地上，面向著日光充足的東方與東南方。溫度較高，有利於葡萄的成熟度。但是初春常有霜害，夏、秋兩季常有驟雨，還會夾帶著小冰雹，都會給田園帶來極大的傷害。布根地大產區內依其地理環境，劃分成四大部分：

▲古老的壓榨器。

▶地標。

1. 夏布利產區 (Chablisien)	（1）小夏布利（Petit Chablis） （2）夏布利（Chablis） （3）第一等級的夏布利（Chablis 1er Cru） （4）特別等級的夏布利（Chablis Grand Cru） （5）布根地—依宏希（Bourgogne Irancy） （6）蘇維農—聖比（Sauvignon de St-Bris） （7）普通的布根地（Bourgogne Grand Ordinaire）

2 黃金坡地產區 （Côte d'Or）	夜丘地區 （Côte de Nuits）	（1）馬莎內（Marsannay） （2）菲尚（Fixin） （3）哲維瑞―香貝丹 　　（Gevrey-Chambertin）： 　　其中有 9 個特級葡萄園。 （4）莫瑞―聖丹尼 　　（Morey-St. Denis）： 　　其中有 5 個特級葡萄園。 （5）香波―蜜思妮 　　（Chambolle-Musigny）： 　　其中有 2 個特級葡萄園。 （6）悟玖（Vougeot）： 　　其中有 1 個特級葡萄園。 （7）馮內―侯瑪內 　　（Vosne-Romanée）： 　　其中有 8 個特級葡萄園。 （8）夜―聖喬治 　　（Nuits-St. Georges） （9）村莊夜丘 　　（Côtes de Nuits-Villages） （10）上夜丘地 　　（Haut Côte de Nuits）
	博納丘地區 （Côte de Beaune）	（1）拉都瓦（Ladoix）： 　　有 2 個特級葡萄園 （2）阿羅克斯―高登 　　（Aloxe-Corton）： 　　有 3 個特級葡萄園。 （3）佩南―維哲雷斯 　　（Pernand-Vergelesses）： 　　有 2 個特級葡萄園 （4）薩維尼―博納 　　（Savigny-lès-Beaune） （5）修黑―博納 　　（Chorey-lès-Beaune） （6）博納（Beaune） （7）玻瑪（Pommard） （8）渥爾內（Volnay） （9）蒙蝶利（Monthélie）

2 黃金坡地產區 （Côte d'Or）	博納丘地區 （Côte de Beaune）	（10）奧塞─都黑斯 　　（Auxey-Duresses） （11）聖侯曼（Saint-Romain） （12）梅索（Meursault） （13）布拉尼（Blagny） （14）普里尼─蒙哈榭 　　（Puligny-Montrachet）： 　　有 4 個特級葡萄園。 （15）夏山尼─蒙哈榭 　　（Chassagne-Montrachet）： 　　有 2 個特級葡萄園。 （16）聖─歐班（Saint-Aubin） （17）桑特內（Santenay） （18）瑪宏吉（Maranges） （19）博納丘地（Côte de Beaune） （20）博納村莊丘地 　　（Côte de Beaune-Villages） （21）上博納丘地 　　（Haute-côte de Beaune）
3. 夏隆內丘地產區 （Côte Chalonnaise）	（1）布哲宏（Bouzeron） （2）乎利（Rully） （3）梅克雷（Mercurey） （4）吉弗里（Givry） （5）蒙塔尼（Montagny） （6）布根地─夏隆內丘地 　　（Bourgogne Côte Chalonnaise）	
4. 馬貢內產區 （Mâconnais）	（1）馬貢（Mâcon） （2）村莊馬貢（Mâcon-Village） （3）普依─富塞（Pouilly-Fuissé） （4）普依─凡列爾（Pouilly-Vinzelles） （5）普依─樓榭（Pouilly- Loché） （6）聖維宏（Saint-Véran） （7）維列─克雷榭（Viré-clessé）	

薄酒萊產區（Beaujolais）

　　世界上最暢銷，且非常出名的薄酒萊（Beaujolais），位於布根地產區的南邊，兩塊相鄰大產區內的風情景致、地理形勢、土質、氣候和栽種的葡萄，差異都很大，導致薄酒萊的特性也自成一格，尤其是它豐富的產量。

▼布根地田野。

▶▼布根地的小鎮。

1. 三種類型的薄酒萊

（1）薄酒萊（Beaujolais）

（2）優級薄酒萊（Beaujolais Supérieur）

（3）村莊薄酒萊（Beaujolais Villages）

　　狹長形薄酒萊產區的南邊土地肥沃，生產的薄酒萊酒清鮮易飲，
果香味重。如果釀製時增加 1 度酒精，採收率降到 50 百升／公頃以
下，則為「Beaujolais Supérieur」，口感上較濃厚。北邊土地中的
火成岩、片麻岩（gneiss）、頁岩成分多，出產的葡萄可釀製較強勁
的酒，則為村莊薄酒萊。當中還有 10 個葡萄園土中的火成岩、花
崗岩成分更高，產品列為鄉村級的葡萄園。

2. 十個鄉村級葡萄園

十個鄉村級葡萄園	（1）聖艾姆（St. Amour）
	（2）茱麗耶納斯（Juliénas）
	（3）薛納斯（Chénas）
	（4）風車磨坊（Moulin-à-Vent）
	（5）弗勒莉（Fleurie）
	（6）希露柏勒（Chiroubles）
	（7）摩恭（Morgon）
	（8）黑尼耶（Régnié）
	（9）布依丘（Côte de Brouilly）
	（10）布依（Brouilly）

▼布根地田野。

3. 里昂丘地（Coteaux du Lyonnais）

V. 隆河谷產區

位於隆河中游兩岸的隆河谷產區，從北到南縱深 200 公里，因此將全區分成兩大部分。

1. 北隆河谷產區（Côtes du Rhône Septentrionales）

土壤由片頁岩、火成岩、鈣化矽質土組成。葡萄園多處於陡峭的坡地上，全境受光時多，也是希哈葡萄最好的生長處。產區內有 8 個小產區。

鄉村級的法定產區	（1）羅弟丘（Côte Rôtie） （2）恭得里奧（Condrieu） （3）格里業堡（Château Grillet） （4）聖喬瑟夫（St. Joseph） （5）高納斯（Cornas） （6）聖佩雷（St. Péray） （7）艾米達吉（Hermitage） （8）克羅茲—艾米達吉（Crozes-Hermitage）

▼羅地丘。

2. 南隆河谷產區（Côtes du Rhône méridionales）

　　全區地勢平坦，土壤是以石灰黏土、砂石土為主，最為出名的就是教皇城堡區的大卵石地。典型的地中海型氣候，格那希葡萄能在這種乾旱的環境裡生長得非常美好，其他的還有慕維得、仙梭、希哈等葡萄。釀出的酒常有一種焦烤味，又稱為「太陽酒」。

隆河谷
產區

1. Côte Rôtie
2. Condrieu
3. Château-Grillet
4. St. Joseph
5. Cornas
6. St. Péray
7. Hermitage
8. Crozes-Hermitage

北隆河谷產區
Septentrionale
- - - - - - - - - - - - - - - - - -
9. Côtes du Rhône
10. Clairette de Die
11. Châtillon en Diois

中央地帶
- - - - - - - - - - - - - - - - - -
12. Châteauneuf-du-Pape
13. Gigondas
14. Vacqueyras
15. Lirac
16. Tavel
17. Costières-de-Nîmes
18. Vinsobres
19. Rasteau/VDN
20. Muscat de Beaumes de
    Venise/VDN
21. Grignan-les-adhémar

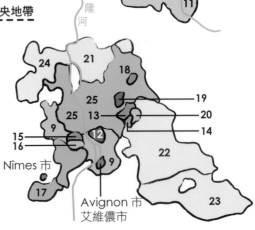

Vienne 鎮

Rhône 河

Grenoble 市

Valance 市

隆河

Nîmes 市

Avignon 市
艾維儂市

南隆河谷產區
Meridionale

22. Côtes du Ventoux
23. Côtes du Lubéron
24. Côtes du Vivarais
25. Côtes du Rhône Village

鄉村級的法定產區	（1）教皇新堡（Châteauneuf-du-Pape） （2）吉恭達斯（Gigondas） （3）瓦給雅斯（Vacqueyras） （4）里哈克（Lirac） （5）塔維勒（Tavel） （6）尼姆丘（Costières de Nîmes） （7）繁索伯（vinsobres） （8）哈斯多（Rasteau） （9）蜜思嘉—彭姆—威尼斯 　　（Muscat de Beaumes de Venise）
大區域性的法定產區	（1）格涅萊阿得瑪（Grignan-Les Adhémar） （2）馮度丘（Côtes du Ventoux） （3）呂貝宏丘（Côtes du Lubéron） （4）維瓦瑞丘（Côtes du Vivarais） （5）隆河丘（Côtes du Rhône） （6）村莊隆河丘（Côtes du Rhône Village）

註：哈斯多、蜜思嘉—彭姆—威尼斯兩產區，除了出產天然紅、白酒甜酒（VDN）外，
　　也釀製一般的干性紅葡萄酒，都以村莊隆河丘（Côtes du Rhône Village）名義
　　出售。

◀初夏的希哈葡萄。

▲斷橋。　　　　　　　　　▶卵石的河床地

3. 隆河谷中央地區

　　隆河谷南北兩大產區之間，有一塊
廣大的土地不適合栽種葡萄，但在多姆
河谷有兩個獨立的法定產區，雖然這兩
個小產區處在隆河谷產區之內，但是它
們使用的葡萄與酒的特性和隆河谷的酒
截然不同。

　　（1）迪—克雷賀特（Clairette de Die）

　　　　　迪—氣泡酒（Crémant de Die）

　　　　　迪丘（Coteaux de Die）。

　　（2）夏替雍—迪瓦（Châtillon en Diois）。

▶凝灰岩土（tuffeau）中鑿出的酒窖。

▶（下）美麗的花朵對病菌的感染更較敏感。

▼種植不忘藝術。

VI. 羅亞爾河谷區

　　羅亞爾河發源於法國中央山脈，先向北流經奧爾良市（Orléans），再轉往西注入大西洋，蜿蜒了 1,012 公里，穿過兩個氣候區，這裡也是花田、果園的集中地。在中、下游兩岸及其支流的向陽坡地上，

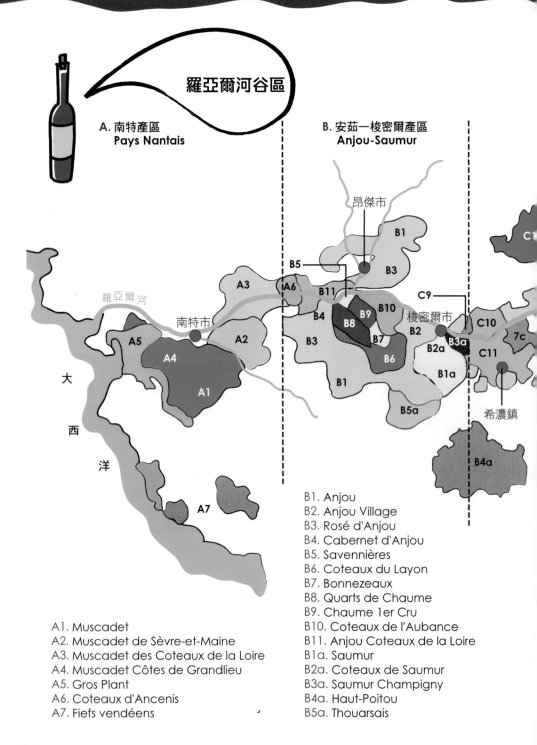

羅亞爾河谷區

A. 南特產區
Pays Nantais

B. 安茹—梭密爾產區
Anjou-Saumur

昂傑市

羅亞爾河

南特市

大西洋

A1. Muscadet
A2. Muscadet de Sèvre-et-Maine
A3. Muscadet des Coteaux de la Loire
A4. Muscadet Côtes de Grandlieu
A5. Gros Plant
A6. Coteaux d'Ancenis
A7. Fiefs vendéens

B1. Anjou
B2. Anjou Village
B3. Rosé d'Anjou
B4. Cabernet d'Anjou
B5. Savennières
B6. Coteaux du Layon
B7. Bonnezeaux
B8. Quarts de Chaume
B9. Chaume 1er Cru
B10. Coteaux de l'Aubance
B11. Anjou Coteaux de la Loire
B1a. Saumur
B2a. Coteaux de Saumur
B3a. Saumur Champigny
B4a. Haut-Poitou
B5a. Thouarsais

梭密爾市

希濃鎮

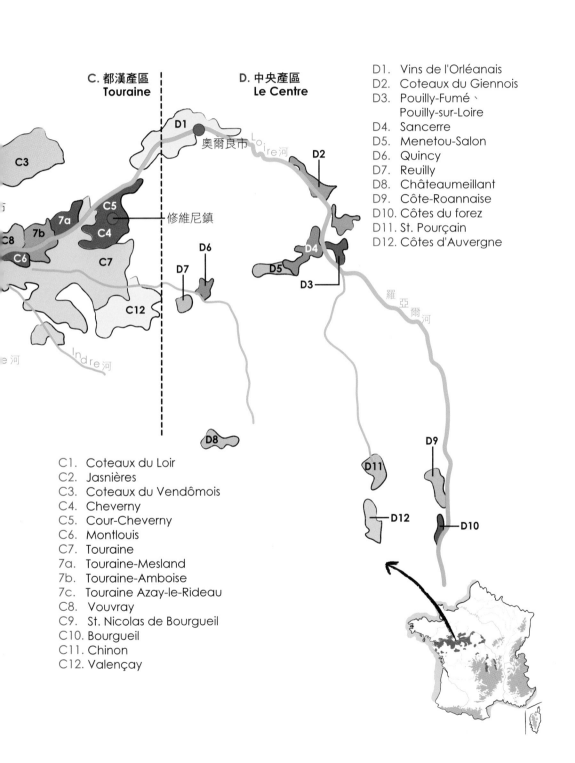

C. 都漢產區
Touraine

D. 中央產區
Le Centre

奧爾良市

Loire河

修維尼鎮

羅亞爾河

Indre河

e 河

D1. Vins de l'Orléanais
D2. Coteaux du Giennois
D3. Pouilly-Fumé、
　　Pouilly-sur-Loire
D4. Sancerre
D5. Menetou-Salon
D6. Quincy
D7. Reuilly
D8. Châteaumeillant
D9. Côte-Roannaise
D10. Côtes du forez
D11. St. Pourçain
D12. Côtes d'Auvergne

C1. Coteaux du Loir
C2. Jasnières
C3. Coteaux du Vendômois
C4. Cheverny
C5. Cour-Cheverny
C6. Montlouis
C7. Touraine
7a. Touraine-Mesland
7b. Touraine-Amboise
7c. Touraine Azay-le-Rideau
C8. Vouvray
C9. St. Nicolas de Bourgueil
C10. Bourgueil
C11. Chinon
C12. Valençay

密集了 52,000 公頃的葡萄園，種植的葡萄種類也多，有來自東邊布根地、南邊波爾多的葡萄種，還有本地原生的葡萄種，釀製了出名的玫瑰紅。依氣候與土地等狀況，將此產區歸納成四部分。

1. 南特產區
（Pays Nantais）

（1）蜜思卡得（Muscadet）
（2）蜜思卡得—塞維曼尼
　　（Muscadet de Sèvre-et-Maine）
（3）蜜思卡得—羅亞爾河丘
　　（Muscadet des Coteaux de la Loire）
（4）蜜思卡得—格蘭里奧丘
　　（Muscadet Côtes de Grandlieu）
（5）大普隆（Gros Plant）
（6）安謝尼丘（Coteaux d'Ancenis）
（7）菲耶弗馮蒂（Fiefs vendéens）

▼不同土地的葡萄園。

2. 安茹和梭密爾產區 （Anjou & Saumur）	安茹產區	（1）安茹（Anjou） （2）安茹村莊（Anjou Village） （3）玫瑰紅安茹（Rosé d'Anjou） （4）卡本內安茹 　　（Cabernet d'Anjou） （5）莎弗尼耶（Savennières）＊ （6）萊陽丘 　　（Coteaux du Layon）＊ （7）邦若（Bonnezeaux）＊ （8）卡得修姆 　　（Quarts de Chaume）＊ （9）修姆（Chaume）＊ （10）歐班斯丘 　　（Coteaux de l'Aubance）＊
	梭密爾產區	（1）梭密爾（Saumur） （2）梭密爾丘 　　（Coteaux de Saumur） （3）梭密爾—香比尼 　　（Saumur Champigny）＊ （4）上布阿圖（Haut-Poitou） （5）杜阿榭（Thouarsais）
3. 都漢產區 （Touraine）		（1）羅亞爾丘（Coteaux du Loire） （2）賈斯尼耶（Jasnières）＊ （3）馮多瑪丘（Coteaux du Vendômois） （4）修維尼（Cheverny） （5）固爾修維尼（Cour-Cheverny） （6）蒙路易（Montlouis）＊ （7）都漢（Touraine）： 　・都漢—梅思隆（Touraine-Mesland） 　・都漢—安伯日（Touraine-Amboise） 　・都漢—阿列麗多 　　（Touraine Azay-le-Rideau） （8）梧雷（Vouvray）＊ （9）聖尼古拉—布戈憶 　　（St. Nicolas de Bourgueil）＊ （10）布戈憶（Bourgueil）＊ （11）希濃（Chinon）＊ （12）瓦隆榭（Valençay）

註：＊為鄉村級的法定產區。

4. 中央產區 （Le Centre）	（1）奧爾良酒（Vins de l'Orléanais） （2）傑諾瓦丘（Coteaux du Giennois） （3）普依—芙媚和普依—羅亞爾 　　（Pouilly-Fumé & Pouilly-sur-Loire）＊ （4）松塞爾（Sancerre）＊ （5）蒙內都—沙龍（Menetou-Salon）＊ （6）甘希和（Quincy）＊ （7）荷依（Reuilly）＊ （8）夏托美雍堡（Châteaumeillant） （9）侯安丘（Côte-Roannaise） （10）弗瑞丘（Côtes du forez） （11）聖普桑（St. Pourçain） （12）歐維涅丘（Côtes d'Auvergne）

註：＊為鄉村級的法定產區。

VII. 普羅旺斯和科西嘉產區（Provence et Corse）

1. 普羅旺斯產區

　　一排排的葡萄樹聳立在蔚藍海岸陡峭坡地的邊緣上，當中還夾雜著橄欖樹和薰衣草田，面對著晴空萬里的地中海，這邊就是法國最南端的普羅旺斯葡萄酒產區，也是極出名的觀光勝地，一年四季絡繹不絕的遊客，在炎熱夏日來杯冰鎮的玫瑰紅酒，清涼解渴，讓人暑意全消，是法國人口中常說的「令人回味的假期」。普羅旺斯葡萄園的歷史也很悠久，但是它的紅、白酒還是極少為人所知，主要是產量少，無法廣泛地讓大眾接觸，一些產品幾乎就在當地被消費掉了，外縣市所見不多。玫瑰紅酒採收率高產量也大，占了產品中的80%，品質非常懸殊。

鄉村級的法定產區	（1）貝雷（Bellet） （2）邦鬥爾（Bandol） （3）凱西斯（Cassis） （4）巴雷特（Palette）
大區域性的法定產區	（1）普羅旺斯丘（Côtes-de-Provence） （2）瓦華丘（Coteaux Varois） （3）艾克斯—普羅旺斯丘 　　（Coteaux d'Aix-en-Provence） （4）博的—普羅旺斯（Les baux-de-Provence） （5）皮耶維爾丘（Coteaux de Pierrevert）

2. 科西嘉

　　一座面積不大，孤立在地中海中的島嶼，島上到處都是崇山峻嶺，平原地不多，12,000 公頃的葡萄園多處於海拔 300 ～ 360 公尺的山坡地上，環繞了全島的四周，這麼大的耕地中只有 1,800 公頃，屬於 AOC 級的葡萄園。

▼普羅旺斯的田野。

269

鄉村級的 法定產區	（1）阿加修（Ajaccio） （2）巴替摩尼歐（Patrimonio）	
大區域性的 法定產區	科西嘉酒 （Vin de Corse）	（1）科西嘉角丘酒 　　（Vin de Coteaux du Cap-Corse） （2）科西嘉波特一維希歐酒 　　（Vin de Corse Porto-Vecchio） （3）科西嘉菲嘉里酒 　　（Vin de Corse Figari） （4）科西嘉莎丹酒 　　（Vin de Corse Sartène） （5）科西嘉卡蜜酒 　　（Vin de Corse-Calvi）
	科西嘉角一蜜思嘉酒（Muscat du Cap Corse）	

▶普羅旺斯的香料。

VIII. 侏羅和薩瓦產區

1. 侏羅產區

　　介於阿爾卑斯山山麓，布根地和瑞士之間，出名的阿爾伯鎮（Arbois）是細菌之父——巴斯特的家鄉，也是本區葡萄酒的行政與經濟中心，觀光勝地，最出名的莫過於本地出產的麥稈酒、黃酒。

鄉村級的法定產區	（1）阿爾伯（Arbois） （2）埃托勒（L'étoil） （3）夏隆堡（Château-Chalon） （4）羅丘（Côtes du Jura）

▼黃酒之都，夏隆堡。

271

2. 薩瓦產區

　　產區位於大陸性的氣候帶上，凜冽乾冷的山風天氣寒冷，但又受到南邊的地中海和小地理氣候（micro climat）的影響，加上葡萄田多選種在湖泊、溪谷附近，水面的反射發揮了極大的作用，尤其是一些本土性的葡萄都能成熟生長得極好。

◀ étoil 鎮。

▼ 阿爾卑斯山。

鄉村級的法定產區	（1）塞必（Cérpy） （2）塞榭（Seyssel）
大區域性的法定產區	（1）薩瓦酒（Vin de Savoie） （2）胡榭特薩瓦酒（Roussette de Savoie） （3）布杰葡萄酒（Vin du Bugey）

IX. 西南產區（Sud-Ouest）

　　位於法國西南部的西南產區，它的葡萄園並不像其芳鄰——波爾多的葡萄園那麼集中。每個小產區都有各自的歷史淵源與地理環境，選擇不同種類的葡萄，釀出各具風格的美酒，也是全法國最具有本土風味的酒了。全區酒的同質性不高，可惜並不是很出名。把這些葡萄園歸納在西南產區之內，是為了分類上的方便。西南產區區分成三部分。

▼田野風光。

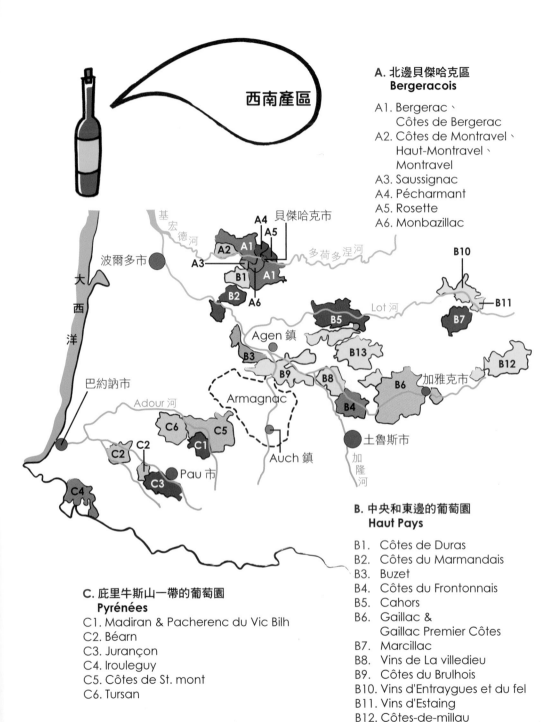

西南產區

A. 北邊貝傑哈克區
Bergeracois

A1. Bergerac、
    Côtes de Bergerac
A2. Côtes de Montravel、
    Haut-Montravel、
    Montravel
A3. Saussignac
A4. Pécharmant
A5. Rosette
A6. Monbazillac

基宏德河

貝傑哈克市

波爾多市

多荷多涅河

B10

大西洋

A4
A5
A2 A1
A3
B1 A1
B2 A6

Lot 河

B5

B7

B11

巴約訥市

Agen 鎮

B3

B13

B12

Adour 河

B9

B8

加雅克市

Armagnac

C6   C5

C2 C2

C1

B6

B4

土魯斯市

Auch 鎮

C4

C3 Pau 市

加隆河

B. 中央和東邊的葡萄園
Haut Pays

C. 庇里牛斯山一帶的葡萄園
  Pyrénées
C1. Madiran & Pacherenc du Vic Bilh
C2. Béarn
C3. Jurançon
C4. Irouleguy
C5. Côtes de St. mont
C6. Tursan

B1. Côtes de Duras
B2. Côtes du Marmandais
B3. Buzet
B4. Côtes du Frontonnais
B5. Cahors
B6. Gaillac &
    Gaillac Premier Côtes
B7. Marcillac
B8. Vins de La villedieu
B9. Côtes du Brulhois
B10. Vins d'Entraygues et du fel
B11. Vins d'Estaing
B12. Côtes-de-millau
B13. coteaux-du-quercy

1. 北邊多爾多涅河一帶的葡萄園 （慣稱為貝傑哈克區〔Bergeracois〕）	（1）貝傑哈克（Bergerac） 　　——貝傑哈克丘（Côtes de Bergerac） （2）蒙哈維爾丘（Côtes de Montravel） 　　——上蒙哈維爾（Haut-Montravel） 　　——蒙哈維爾（Montravel） （3）蘇西涅克（Saussignac） （4）貝夏蒙（Pécharmant） （5）侯塞特（Rosette） （6）蒙巴易亞克（Monbazillac）
2. 中央和東邊的葡萄園 （慣稱為高地區〔Haut Pays〕）	（1）都哈斯丘（Côtes de Duras） （2）馬蒙地丘（Côtes du Marmandais） （3）布列（Buzet） （4）風東內丘（Côtes du Frontonnais） （5）卡歐（Cahors） （6）加雅克和加雅克首丘 　　（Gaillac & Gaillac Premier Côtes） （7）馬西雅克（Marcillac） （8）拉威勒里奧（Vins de La villedieu） （9）布里瓦丘（Côtes du Brulhois） （10）翁台各及菲勒（Vins d'Entraygues et du fel） （11）艾斯坦（Vins d'Estaing） （12）咪歐坡地（Côtes-de-millau） （13）格希丘（coteaux-du-quercy）
南邊庇里牛斯山一帶的葡萄園（Pyrénées）	（1）馬第宏和巴歇漢克－維克－畢勒 　　（Madiran & Pacherenc du Vic Bilh） （2）貝亞（Béarn） （3）居宏頌（Jurançon） （4）依蘆雷姬（Irouleguy） （5）聖峰丘（Côtes de St. mont） （6）圖爾松（Tursan）

275

X. 蘭格多克區與乎西雍區

　　本區是塊極古老的葡萄酒出產地，也是全世界面積最大的葡萄種植區。介於中央山脈和庇里牛斯山脈的交匯處，幅員遼闊，地形、土質變化都大，全區有內陸的高山區和地中海區特有的灌木叢林地，又受到大陸性氣候（北邊的中央山脈）、地中海性氣候（南邊的地中海）和海洋性氣候（西邊的大西洋）三方交匯的影響，生長的葡萄種類也多，釀成的酒同質性不大，品質也懸殊。區內最出名的就是天然甜酒（VDN）和利口酒（VDL）。

▶由左至右依序為波爾多葡萄種的酒瓶、
　紅天然甜酒、本地葡萄種的酒瓶、
▼田野

蘭格多克區
與乎西雍區

艾維儂市

Nîmes 市

Coteaux
Languedoc

2a

2b

Carcassonne 市

Monrpellier 市

Languedoc

地中海 MEDITERRANEE

Roussillon

西班牙

A. 蘭格多克區

1. Clairette de Bellegarde
2. Coteaux du Languedoc
   2a. Clairette du Languedoc
   2b. Faugères
   2c. St. Chinian
3. Minervois
4. Cabardès
5. Côtes de la Malepère
6. Blanquette de Limoux、Limoux
7. Corbières
8. Fitou

B. 乎西雍區

9. Côtes du Roussillon Village
10. Côtes du Roussillon
11. Collioure
12. Côtes du Roussillon Les Aspres

VDN 天然甜酒

d. Muscat de Lunel
e. Muscat de Mireval
f. Muscat de Frontignan
g. Muscat de St. Jean de Minevois
h. Maury
i. Banyul & Banyul Grand Cru
j. Muscat de Rivesaltes
k. Rivesaltes、Grand Roussillon

277

1. 蘭格多克區	（1）克雷賀特—貝勒加德（Clairette de Bellegarde）＊
	（2）蘭格多克丘（Coteaux du Languedoc）：
	   a. 克雷賀特—蘭格多克（Clairette du Languedoc）
	   b. 佛傑爾（Faugères）＊
	   c. 聖西紐（St. Chinian）＊
	（3）蜜內瓦（Minervois）
	（4）卡巴得斯（Cabardès）
	（5）馬勒佩爾丘（Côtes de la Malepère）
	（6）布隆給特—利慕（Blanquette de Limoux）
	   利慕（Limoux）
	   利慕氣泡（Crémant de Limoux）
	（7）高比耶（Corbières）
	（8）菲杜（Fitou）＊	

	白甜酒 （VDN）產區	（1）呂內爾—蜜思嘉（Muscat de Lunel） （2）米黑瓦—蜜思嘉（Muscat de Mireval） （3）風替紐—蜜思嘉（Muscat de Frontignan） （4）聖尚密內瓦—蜜思嘉（Muscat de St. Jean de Minervois）
2. 乎西雍區	（1）乎西雍丘村莊（Côtes du Roussillon-Village） （2）乎西雍丘（Côtes du Roussillon） （3）高麗烏爾（Collioure） （4）乎西雍丘艾斯貝（Côtes du Roussillon Les Aspres）	
	甜酒 （VDN）產區	（1）麗維薩特—蜜思嘉（Muscat de Rivesaltes） （2）麗維薩特（Rivesaltes） （3）莫利（Maury）＊ （4）班努斯和特級班努斯（Banyul & Banyul Grand Cru）＊ （5）大乎西雍（Grand Roussillon）
卡達介納（Cartagene／VDL）		

註：＊為鄉村級葡萄園。

278

在市中心種植葡萄樹
是否可行？

—— 塊位於巴黎市中心精華地段的葡萄園，面積不大但非常出名，這就是蒙馬特葡萄園。最早塞爾特人（Celte）、盧泰西亞人（Lutetia）在塞納河中的小島（Île de la Cité）上居住，過著耕種的生活。西元前 54 年，羅馬人來到後，就開始在塞納河左岸發展，慢慢地形成巴黎城的雛型。河谷對岸的坡地上種植了很多的葡萄樹，北郊蒙馬特山丘上還發現酒神廟的遺跡。自古以來，宗教儀式和葡萄酒有著密切的關係；中世紀時，各教會都有龐大的財力和專業人士不遺餘力地發展葡萄酒業，加上捐贈的土地，全國大多數的葡萄園幾乎都歸教會所有，蒙馬特葡萄園也不例外。

蒙馬特葡萄園原屬於蒙馬特女修道院所有，經過幾次大規模戰爭的毀壞，修道院在缺乏資金的情況下，被迫拍賣掉葡萄園，將其轉售給小酒農和勞工們。16 世紀時，蒙馬特區還不屬於巴黎市，由於城內有些條文規章限制了葡萄酒的消費和付稅，城中的一些商賈居民、騷人墨客、販夫走卒都聚集到蒙馬特地方聊天、暢飲，很多的小酒館、夜總會也就應運而生，「蒙馬特」因此而聲名大噪，位於葡萄園對面的狡兔夜總會（Cabaret du Lapin Agile）也是區內現存最古老的建築物。

19 世紀中葉，由於根蚜蟲災的侵害，加上都市的擴展，大巴黎區內的葡萄園都跟著消失了。1921 年重新劃定了蒙馬特葡萄園的保護範圍，以防止房市高度的擴建。1933 年再度栽種葡萄樹，次年秋天有了辛苦的成果，以後每年 10 月的第一個週末就定為採收節，同時巴黎市政府也在地方上舉辦一些民俗、品嚐等慶祝活動。

　　蒙馬特葡萄園位於巴黎正北邊聖心堂（大白教堂）左後方的坡地上，1,556 平方公尺的葡萄園中，有 75% 是佳美葡萄，釀成的酒近似薄酒萊新酒，果香味多，應趁清鮮期飲用。20% 是黑皮諾葡萄釀出的酒，尚有發展空間，雖難以到達 AOC 級的水準，但因為是首善之都的產品，加上產量又稀少，價格高昂。

　　在大巴黎地區，除了蒙馬特葡萄園外，還有很多重新墾植的小葡萄園，幾百株的樹木分散在塞納河畔的坡地上，栽種的葡萄種類也多，所釀製的產品雖然不符經濟效益，可是巴黎人卻很驕傲，默默地耕種，釀出私房美酒讓各界人士來品嚐，延續保留了這種國家文化遺產。

◀蒙馬特葡萄園

註：蒙馬特葡萄園在大白教堂左後方（18 區 RUE DES SAULES 和 RUE ST.-VENCENT 兩條街的交叉口）。

國家圖書館出版品預行編目資料

葡萄酒，你喝了嗎？跟著達人學品酒／周寶臨
著. --初版. --臺北市：書泉，2016.4
　　面；　公分
　　ISBN 978-986-451-010-8（平裝）
　1.葡萄酒　2.品酒　3.問題集
　463.814022　　　　　　　　104007239

3Q38

葡萄酒，你喝了嗎？
跟著達人學品酒

作　　者 ─ 周寶臨（108.5）

發 行 人 ─ 楊榮川

總 編 輯 ─ 王翠華

主　　編 ─ 王俐文

責任編輯 ─ 金明芬、洪禎璐

封面設計 ─ 劉好音

排版設計 ─ 劉好音

出 版 者 ─ 書泉出版社

地　　址：106台北市大安區和平東路二段339號4樓

電　　話：(02)2705-5066　　傳　　真：(02)2706-6100

網　　址：http://www.wunan.com.tw

電子郵件：shuchuan@shuchuan.com.tw

劃撥帳號：01303853

戶　　名：書泉出版社

總 經 銷：朝日文化事業有限公司

電　　話：(02)2249-7714

地　　址：新北市中和區僑安街15巷1號7樓

法律顧問　林勝安律師事務所　林勝安律師

出版日期　2016年4月初版一刷

定　　價　新臺幣500元